생각하는 힘을 길러주는

자존감 초등미술

생각하는 힘을 길러주는

자존감 초등미술

임은지 지음

마인드빌딩

이 책을 시작하며

'나다운' 아이들로 자라길 바라는 마음

아이들 스스로 '나다운 시간'을 많이 갖는 것이 좋다고 생각합니다. 그래서 아이들에게 미술이 자연스러운 놀이였으면 좋겠습니다. 바닥에 종이 한 장과 그 옆에 굴러다니는 연필 한 자루를 집어 들어 그림을 그리면서 놀 수 있다면 즐거운 예술 생활은 시작된 것입니다.

아이가 삐뚤빼뚤하게 그린 선을 보고 조급한 마음으로 "다시 똑바르게 그려야지!" 하고 지우개로 고쳐주기보다는 그다음엔 어떻게 그릴지 궁금한 눈빛으로 바라봐주셨으면 합니다. 어른들의 관심과 사랑 속에서, 아이들이 있는 그대로의 모습으로 자라면서 긍정적으로 세상을 바라보고 더욱 풍요로운 삶을 살 수 있게 되길 바랍니다. 서로가 달라서 생긴 문제를 틀리다고 판단하거나 불안해하기보다는 각자의 다른 개성을 인정하고 바라볼 수 있는 여유를 가진 아이로 자라길 바랍니다. 이렇게 자란 아이는 어떤 문제가 닥쳐도 선하고 지혜롭게 헤쳐 나갈 수 있는 사람으로 성장하게 될 것입니다.

아이를 올바르게 양육하기 위해서는 올바르지 않은 것들에 대해서도 생각하게 도와주고 바른길로 이끌어 주는 것도 중요하다고 생각합니다. 그렇지만 예술적인 관점에서는 조금 다르게 바라볼 수 있습니다. 어른들의 도덕적 가치나 기준에 아이들이 익숙해져서 작업하는 동안 긴장한 상태로 진행한 적도 있습니다. 간혹 부모와 결이 다른 아이들이 자기 옷이 아닌 어른의 옷을 입는 연습을 하느라 자신을 드러낼 기회를 충분히 경험하지 못한 채 기술만 연마한 예도 있습니다. 이렇게 되면 진정한 '나다움'을 찾는 시간을 다시 가져야 할 것입니다.

하얀 종이에서 시작하는 아이의 자발적인 작은 행위가 바로 '나다움'의 표현입니다. 미술은 이런 점에서 그 순간만큼 자신과 만날 수 있는 근사하고 설레는 예술적 가치를 지닌 경험입니다. 그림을 그린다는 것은 자신의 머리와 손과 눈을 동시에 협동해서 만들어가는 행위입니다. 아이들에게 미술 활동은 여행을 떠날 때 느끼는 설렘과 두근거림처럼 행복한 시간이 되었으면 좋겠습니다. 그렇게 아이들이 종이 위에서 크고 작은 여행을 많이 떠났으면 합니다. 이런 경험을 통해 더욱 당차게 자기다운 이야기를 많이 만들고 들려줄 수 있기를, 또한 남들과 다름 속에서도 자신의 아름다움을 발견했으면 합니다. 이런 시선으로 세상을 더 편안하게 바라보고 마주하며 살아갈 수 있으면 합니다.

아이가 그린 그림을 바라보며 '나다움'을 응원해주고 격려해준다면 아이는 그걸 믿고 더 자신 있게 그다음 이야기를 할 수 있게 될 것입니다. 하지만 '나다움'은 평가와 성과 위주의 교육 분위기 속에서 뒷전으로 밀리는 모습도 보게 됩니다. 실력만큼이나 중요한 것이 '나다움'인데 이른 시일 내에 결과나 수치로 표현되는 것이 아니다 보니 종종 뒷전으로 밀려나는 것 같습니다. '나다움'에 대한 확신이 부족한 경우 좋은 실력을 갖추고 있는데도 정작 스스로 만족하지 못하는 아이들의 모습도 보게 됩니다. '나다운 모습'으로 좋은 실력까지 보여준다면 이보다 더 좋을 수 없습니다. 훌륭한 실력을 갖추고도 정작 자신이 무엇을 좋아하는지 발견하지 못하고 괴로운 마음으로 지내는 아이들을 볼 때마다 안쓰럽게 느껴집니다. 역설적으로 저도 여전히 해결책을 찾고 있는 고민거리 가운데 하나입니다.

어렸을 때 '나다움'의 경험이 많은 아이들은 커서도 자기다운 아름다운 결을 드러내며 살아가는 모습을 종종 보게 됩니다. 대학원에 다닐 때 대학에서 통계학을 전공한 친구를 만났습니다. 그런데 그 친구는 입시 미술을 전공한 여느 디자인 전공의 친구들보다도 거침없이 용감하게 색을 사용하고 형태를 그리곤 했습니다. 졸업한 후에도 고민이 많았던 우리와 달리 일러스트레이터로 다작을 하며 왕성한 활동을 보여주었습니다.

어느 날 그 친구와 이야기를 하게 되었는데 들어보니 그녀의 뒤엔 언제나 "할 수 있어! 못할 것 없어!", "엄마는 지금 가장 행복해!"라고 말씀하시던 부모님과 화목한 가정에서 자랐음을 알게 되었습니다. 이런 이야기를 듣고는 그녀의 그림에서 느껴졌던 밝은 에너지는 당연하였구나 하는 생각을 했던 적이 있습니다.

이것은 전적으로 "괜찮아! 할 수 있어! 좋아!"라는 긍정의 메시지를 경험한 아이들의 힘입니다. 적어도 그 친구에게 미술은 형태를 조금 더 잘 잡아야 하는 긴장된 마음을 갖는 시간이 아닌, 아는 만큼 그려내고 좋아하는 색을 쓰는 신나는 활동이었을 겁니다. 하물며 어른이 되어 이 책을 쓰고 있는 저도 함께 응원해주는 출판사 분들의 덕분으로 살면서 작아졌던 나의 '나다움'을 키워가며 작업하고 있습니다. '나다움'은 살아가면서 이렇게나 중요합니다.

나비를 그리면서 이야기를 추가할 수 있지만 때론 그냥 선 하나, 그다음 또 선 하나를 더해가면서 그림이 되기도 합니다. 그림을 그리기 전보다 뭔가 나아진 시간에 머물 수 있다면 이것만으로도 아이들에게 미술 활동의 이유는 충분하다고 생각합니다. 그러므로 어른들이 아이들의 그림을 평가하지 않았으면 좋겠습니다. 적어도 어린이들에겐 그림을 그리는 것이 그림대회에서 수상하기 위한 수단이 아닌 그림을 그리는 행위 자체가 목적이 되어 더 많은 경험을 하길 바랍니다.

그림을 잘 그리려면 무엇부터 배워야 하나요?

그림을 그리는 것은 눈으로 관찰한 것을 머릿속에서 정리해서 손으로 전달되는 과정이기도 합니다. 물론 아이들이 그림을 그릴 때는 바로 머릿속에서 시작하기도 합니다. 아이들이 경험하는 미술은 더욱 더 자유로운 마음으로 자신을 표현하는 수단으로 진행하는 것이 좋습니다. 때로는 게임과 같은 규칙을 적용해서 제한적인 결과에 도달하거나 국어나 수학, 과학 등 다양한 학문을 미술로도 이해할 수 있습니다. 미술은 이렇게 통합적으로 이해를 돕는데 유용한 방법이 될 수 있습니다.

그런데도 그림을 잘 그려야 한다고 생각하다 보면 결과와 성과를 우선순위에 두고 다시 비장하게 경직된 목표와 전략을 계획하게 됩니다. 미술학원을 알아보고 학원비를 생각하고 그만큼의 결과를 보고 싶은 마음에 조바심을 내기도 합니다. 일단 눈에 보이는 사실적인 것을 잘 그리길 바라고 그다음은 색을 잘 칠해야만 좋은 작품을 만들 것 같은 마음이 들기도 하는데, 이렇게 훌륭한 상태가 될 때까지 기다리다 보면 아이들은 미술을 즐기기 어려울 수 있습니다. 심지어 평생 미술을 할 수 없게 될 수도 있습니다. 성공적으로 진행한다고 하더라도 이는 앞에서 말한 '나다움'의 가치를 외면한 채 진행될 수 있고, 또 다시 나다움을 찾는 그만큼의 시간이 필요할지도 모를 일입니다.

사실 좋은 그림을 그린다는 것에는 순서가 없습니다. 물론 우리나라에서 정규 미술 교육을 받기 위해서는 대부분 입시 미술을 거쳐야 합니다. 각종 입시에 필요한 기법과 기술을 배우게 되겠지만, 미술을 전공하든 안 하든 인생을 살며 예술을 바라보는 넓은 범위에서는 이 또한 여러 길 중 하나일지도 모릅니다. 아이가 그림을 그리면서 궁금한 것이 생기면 가능한 범위에서 엄마의 코칭로 진행하길 바랍니다. 엄마와 함께 다양한 매체를 통해 관련 기법이나 방법을 산발적으로 찾아보며 공부하는 것이 가장 좋은 방법이라고 생각합니다.

어느 미술 시간 때의 일입니다. 매번 그림을 그리던 아이는 점토로 만들기를 하고 싶어 했습니다. 그래서 점토를 주었고 아이는 무엇을 만들지 고민했습니다. 저학년이었던 아이는 무언가 그럴듯하게 만들고 싶었지만 어려웠던 것 같습니다. 어떤 모양을 만드는 듯하다가 다시 뭉치기를 반복했습니다. 그러다 아이는 구, 삼각뿔, 육면체 등 도형을 만드는 데서 즐거움을 찾기 시작했습니다. 만든 조각들을 블록처럼 조합하여 결국 멋진 용사를 완성해 채색하였고, 그러면서 이야기도 한 보따리 생겼습니다.

미술을 잘해야 한다는 생각에 미술이 더 어려워지는 것 같습니다. 아이가 원하는 것을 비용을 들여 채워주고 결과를 바라보기에 급급하다 보면 오히려 즐거운 미술 활동이 부담스럽게 느껴질 수 있습니다. 조금만 힘을 빼고 우리 아이의 있는 그대로의 모습을 바라본다면 우리는 아이와 함께 더 자주 미술놀이를 할 수 있을 것입니다.

미술을 잘하려면 많은 기술과 배움이 필요하다고 생각할 것입니다. 잘하려고 애쓰기보다는 함께 즐기는 놀이가 되길 바랍니다. 집에서 아이와 함께 미술놀이를 하며 그때그때 궁금한 점을 찾아보고 공부하며 행복한 시간을 보냈으면 좋겠습니다.

눈과 마음으로 바라보기

때로는 부정적인 감정을 미술을 통해 표현해보고 그 느낌을 결과로 바라보는 것도 마음을 정리하는 데 큰 도움이 됩니다. 아이가 그림을 그리면서 비속어 등의 거친 언어를 그림에 적는 경우도 종종 보게 됩니다. 이런 언어를 사용하는 것을 도덕적으로 판단할 경우 좋지 않은 평가를 받을 수도 있을 것입니다. 그러나 아이가 사용할 수 있는 언어를 통해 스트레스를 표현한 것으로 이해하고 미술놀이를 하며 그러한 감정을 추상적인 모양이나 선 혹은 신체의 움직임 등으로 표현하도록 유도하다 보면, 간혹 대단한 에너지의 결과물을 마주하기도 합니다. 이렇게 작은 아이에게 폭발적인 에너지가 있었나 하며 놀라워서 닭살이 돋을 때도 있습니다. 여기서 제일 중요한 것은 그리는 것 자체가 목적이기 때문에 어떤 상황에서도 절대로 아이의 그림을 평가하지 말아야 한다는 것입니다. 대신 그 표현을 지지하고 격려해주셨으면 좋겠습니다. 그리고 마음속 이야기를 할 수 있도록 아이의 이야기에 귀를 기울여주세요.

한 아이가 자화상을 그린 적이 있었습니다. 만화에 관심이 많았던 아이라 만화를 그릴 수단으로 그림을 알려줘야 할까 하고 고민했었습니다. 사람 얼굴을 그릴 때 종이 안에 구도와 비율에 대해 알려줄 목적으로 자화상 작업을 선택했습니다. 아이는 제가 알려주는 미술적인 비율이나 구도에 관한 이야기를 듣고 곧잘 적용해서 그렸습니다. 그런데 채색할 때부터는 자신의 방식대로 색칠하기 시작했습니다. 밝은색부터 칠해야 한다는 설명은 하지 않고 아이 스스로 믿고 진행할 수 있도록 격려했습니다. 아이가 주도적으로 채색한 결과는 매우 강렬하고 놀라웠습니다. 그래서 아이의 그림과 비슷한 표현을 했던 당대 화가들의 그림을 보여주며 왜 그런 그림을 그리고 어떤 인생을 살았는지 간략하게 설명해주었습니다. 아이가 스스로 느낀 감정에 충실한 자화상은 평가의 대상을 넘어 완성이라는 의미에서, 그리고 그 이상으로 아이의 폭발적인 에너지를 느낄 수 있는 훌륭한 작업이 되었습니다.

아이의 작품을 함께 바라보며 대화도 나누고 존중받는 경험을 할 수 있다면 그저 거친 말을 했을 때와는 전혀 다른 상황을 겪게 되겠지요. 이렇게 미술 활동을 하다 보면 부모와 소통하며 아이의 자존감을 높일 수 있습니다. 그렇기에 아이들의 작품을 바라볼 때 어떤 의미를 느끼지 못하거나 이해하지 못해도 아이의 작품을 평가하지 말고 진심으로 격려하고 함께 뿌듯해 해주세요.

또한 질문할 땐 최대한 주관식으로 전개해주세요. 아이들은 구체적인 질문보다 추상적이고 넓은 범위로 물어봐야 그림을 감상하며 또 하나의 이야기를 창작할 수 있게 됩니다. 먼저 "어떤 그림인지 이야기해주겠니?"라고 그림 전체에 관한 질문을 해주세요. 만약 아이가 하는 이야기가 모호하고 단조롭다면 생각을 구체화할 수 있도록 물어봐 주세요. 간단하게 예를 들면 "여기는 어떤 곳이야?", "그래서 어떻게 되었어?" 하는 식입니다.

나의 유년 시절과 미술 이야기

역설적으로 저는 입시 미술과 제도권의 미술 교육을 받은 것 치고는 그림을 잘 못 그립니다. (그리 테크닉이 좋은 편이 아닙니다) 그러나 제가 가진 '나다움'을 인정해주신 부모님과 사회에서 배려해주신 여러분들 덕분에 다양한 것들을 경험하며 미술로 할 수 있는 여러 가지 일들에 도전하며 살아가고 있습니다.

제가 어렸을 때 아버지는 전산 관련 업무를 하셨고, 무척 꼼꼼하고 이성적이셨습니다. 이런 아버지께 인정받기 위해서는 감성적으로 호소하는 것은 통하지 않았습니다. 아버지께 인정받고 싶어서 이성적이려고 노력했던 시간도 있었습니다. 아버지와 달리 어머니는 제가 그린 그림들을 안방의 나무 벽장에 빼곡히 붙여주셨습니다. 직접 말로 칭찬해 주신 건 아니었지만 집안 곳곳에 제가 그린 그림들이 붙어 있는 걸 바라봤던 경험은 저에겐 응원처럼 느껴졌습니다.

어머니는 미술관의 전시가 바뀔 때마다 종종 저를 데리고 가셨습니다. 사실 그것은 어머니의 여가생활이었지만 저에겐 엄마와의 둘만의 데이트의 시간이기도 했습니다. 전시를 보고 난 뒤 예술상품 판매하는 곳에서 전시했던 그림엽서를 사주셨고 저는 그것을 수집하는 취미가 생겼습니다. 지금 돌이켜 생각해보면 저에게는 매우 긍정적인 경험이 되었고 평생 간직할 수 있는 추억이 되었습니다.

한번은 초등학교 때 거대한 누드화가 가득한 화랑에 간 적이 있습니다. 그때 벌거벗은 여성들이 가득한 그림들을 보고 이런 걸 봐도 괜찮나 하는 생각에 무척 긴장했던 기억이 납니다. 하지만 화랑에 계속 머물면서 확대된 인체의 곡선과 형형색색으로 표현한 피부색이 추상적으로 보였고 처음에 가졌던 다른 사람의 벌거벗은 모습을 보는 죄책감 같은 것들이 사라졌습니다. 그러면서 그림의 색과 형을 부분마다 열심히 관찰했던 기억이 아직도 생생합니다. 또 피카소 전시를 보고 나서 갤러리에서 엽서 몇 장을 샀는데 그중에 소녀의 모습이 가장 인상적이었습니다. 어렸던 제가 보기에 그 그림은 온전치 않아 보였는데 정면과 측면의 형상이 묘하게 섞여 있었고, 그 소녀를 그린 파란 색의 선들이 각각 따로 혹은 합쳐져서 하나의 소녀로 보였습니다. 그 형상이 재밌어서 오랫동안 바라봤던 기억이 납니다.

초 · 중 · 고를 통틀어 거의 매번 환경미화부장을 했습니다. 환경미화부장이 되면 학기 초에 학급을 예쁘게 꾸며야 했습니다. 초등학생 시절 내내 어느 정도 획일화된 환경미화를 해왔던 저는 고등학생 때 반복되는 지루함에 새로운 시도를 했답니다. 교실 뒤에 피카소의 그림을 모사해 확대해서 그렸습니다. 아기자기한 패턴으로 꾸민 다른 반과 달리 우리 반 뒤에는 피카소 그림이 하나 크게 걸렸던 셈인데, 그걸 보셨던 선생님 몇 분께서는 굉장히 뜨거운 반응을 해주셨습니다. 반별로 미화 정도를 평가하고 수상했는데, 물론 파격 행보로 상을 받지는 못했습니다. 이게 안 뽑힌 건 이해가 안 된다며 서운해했던 그 패기도 함께 기억납니다.

이후 대학원에 원서를 넣었습니다. 그림을 그리는 즐거움을 그때 다시 생각하게 됐습니다. 커뮤니케이션 디자인(시각디자인)학과에서 일러스트레이션을 선택하여 전공하며 다양한 삶을 보여주시는 교수님들(그림책, 회화, 디자인 분야 등)을 뵐 수 있었습니다. 때론 회사 일을 병행하며 매일 꿈과 현실을 오가는 시간을 보내야 했습니다. 돌이켜보면 마음을 단단하게 만들었던 계기가 되었던 것 같습니다.

아이들을 만나면서

결혼하고 아이를 낳아 기르면서 일도 해야 했습니다. 힘들 때마다 그때까지 경험했던 걸 총동원하며 삶에 적용하려고 애썼던 심신이 분주한 삶을 살았습니다. 하지만 시간은 기다려주지 않았습니다. 정해진 시간 내에 작업하고 완성하는 것에만 익숙했던 습관은 조금씩 시간의 한계를 느끼면서 비장한 마음을 조금씩 내려놓게 되었습니다. 그러고 나니 처한 상황을 자세히 바라보며 전보다는 선택과 집중을 더 할 수 있게 되었고, 그럴 수도 있지 하는 넉넉한 마음으로 조금씩 자연스럽게 바뀌었습니다. 아이가 자라면서 삶 속에서 엄마로 녹아가는 과정을 거치며 저 역시 함께 자랐고, 지나고 보니 감사한 시간이었다고 생각합니다.

아이가 어렸을 때는 집에서 쉽게 미술놀이를 할 수 있었습니다. 큰 종이와 함께 그릴 수 있는 재료를 펼쳐놓아 주면 아이는 신나게 놀았고, 그런 다음 씻기면 바로 달게 자곤 했습니다. 기저귀 상자 하나 펼쳐놓고 큰 붓과 롤러 하나 쥐여주면 쓱쓱 밀면서 하루를 보낼 수 있었지요.

그렇게 지내다가 아이가 초등학생이 되었을 무렵에 우리 아이들을 모아서 그림 수업을 해보자는 제안을 받았습니다. 어른들과 일하는 것에 익숙했던 저는 '이참에 아이들과 그림 그리면서 재밌게 놀 수 있겠다' 하고 생각했습니다. 입소문을 타고 몇몇 아이들이 모였고, 그룹으로 한 분기 동안 미술 수업을 진행하게 되었습니다.

저는 아이마다 가지고 있는 기질을 발견하고 이끌어 줄 수 있다고 생각했고 이 부분에 자신도 있었습니다. 아이들 스스로 자신을 믿고 그릴 수 있게 격려해주고 아이들의 마음을 지지해준다면, 신이 난 아이들이 미술 활동에 몰입하여 더 좋은 에너지로 작품을 만들 것이라고 믿었습니다.

하지만 미술을 하며 몰입하는 즐거움을 공유할 생각으로 설렘을 갖는 것도 잠시였습니다. 시간을 들여 배웠으니 더 좋은 실력과 더 나은 결과를 보고 싶어 하는 아이의 부모도 뵙게 되면서 고민의 방향은 달라졌습니다. 아이가 그림을 잘 그렸으면 하는 부모들께 아이는 이미 충분히 잘 그리고 있고 아이의 그림을 어른의 기준으로 평가하지 말고 기다려 달라고 어떻게 이야기를 해야 할지 고민했습니다. 아이가 지닌 성향으로 미술놀이를 해도 좋은 결과로 보여줄 수 있으면 했습니다. 아이 각자의 개성을 외면한 채 실력만 올리다 보면 진정한 아동 예술의 아름다움과 즐거움을 놓칠 수도 있기 때문입니다. 그리고 경쟁하듯 잘 그리려는 그림은 결국 남들과 비슷하게 잘 그린 그림으로 보이기도 했습니다.

애초에 부모 스스로 자신의 아이가 그림을 잘 못 그린다고 생각해서 아이와 함께 우리 집에 방문한 예도 있었습니다. 그러나 쾌활하고 밝은 아이의 마음에선 빛이 났습니다. 그런 점이 좋게 느껴졌지만 아이의 부모는 아이가 그림을 잘 그리길 바랐기에, 그 또한 수렴해서 틀에 맞춰 진행해 보기도 했습니다. 그러자 아이는 아예 손을 놓아버렸고 간혹 아이 옆에서 지도하면 수동적으로 움직이긴 했지만, 그 아이에게는 맞지 않는 옷임을 직감할 수 있었습니다. 추후 그 아이와 미술 활동을 할 땐 말로만 설명하고 선택과 작업을 스스로 하게 했습니다. 그러자 정형화된 잘 그린 그림 이상으로 아이의 즐거운 마음과 에너지가 많이 담긴 그림을 볼 수 있게 되었고, 아이의 부모 역시 함께 공감하고 이해하게 되었습니다.

아이마다 성향이나 기질이 다르기 때문에 감성도 그림도 모두 달랐습니다. 같은 이야기를 그려도 어떤 아이는 종이 한 장이 부족할 정도로 많은 이야기를 담는가 하면 다른 아이는 하나만 그리고 다했다고 말하기도 했습니다. 하지만 어떤 그림은 하나의 이야기만으로도 더 진한 감동을 주기도 했기 때문에 결이 다른 아이의 성향을 인정하지 않고 마냥 열심히만 하라고 하는 것에는 무리가 있었습니다. 이런 아이들을 각각의 예술가로 바라볼 수 있다면 우리는 장르가 다른 예술가를 비교하여 우위를 가릴 수 없듯이, 아이들의 그림을 각각 있는 그대로 바라볼 수 있는 좀 더 편안한 시선을 가질 수 있게 될 것입니다. 이렇게 아이가 자신의 이야기를 그림으로 그릴 때 잘 그린 그림인지 아닌지 성과로만 평가받지 않았으면 합니다. 평가하는 기준이나 취향에 따라 결과가 달라질 수 있기 때문입니다. 잘못된 오해 속에서 아이들이 미술을 즐기지 못하고 부담을 느끼거나 어려워할 수 있습니다. 그렇기에 아이의 그림을 있는 그대로 바라보며 우리 아이의 장점과 성향을 발견하고 인정할 수 있는 시간을 가졌으면 좋겠습니다.

책을 쓰는 이유와 활용법에 대하여

'뒷모습 증후군'이라는 신조어가 생겼을 만큼 학업으로 바쁘게 살아가는 아이들의 모습을 볼 때면 부모로서도 미안한 마음이 들기도 합니다. 하지만 마을 전체가 아이들을 두루두루 키워냈던 예전과는 달리 독박육아라는 말이 나올 정도로 육아와 양육은 바쁘게 살아가는 현대사회의 부모들에겐 때론 외로운 일이 되었습니다.

저 역시 부모가 되어 어떻게 아이를 키울 것인지 많이 고민했고, 여전히 흔들리고 있습니다. 자존감 있게 아이를 키우기를 바라면서도 정작 제 아이는 뜻대로 되지 않는 현실 속의 엄마입니다. 저 역시 여전히 갈팡질팡하며 주변에서 들리는 다양한 이야기에 흔들리다 보면 제 소신대로 아이를 교육시키는 것이 쉬운 일은 아니라는 생각을 하게 됩니다. 내 아이를 잘 키우고 있어서가 아니라 내 아이를 긍정적으로 키우고 싶고 그런 삶을 살고 싶어서 이렇게 이야기를 하게 되었습니다. 그래서 저는 이 책을 이런 분들이 보셨으면 합니다.

- 우리 아이가 그림을 못 그린다고 생각하는 부모.
- 우리 아이의 그림 실력이 궁금하고 잘 그렸으면 하지만 사실 잘 그린 그림이 무엇인지 모르는 부모.

• 우리 아이가 그림을 매우 잘 그리지만 여전히 무엇인가 부족하다고 느끼는 부모.

• 집에서 구하기 쉬운 재료로 아이들과 행복한 시간을 보내고 싶은 부모.

• 미술을 가르치는 선생님.

• 아이들을 사랑하고 이해하고 싶은 분들.

이 책을 통해 전하고 싶었던 것은 아이들이 생활 속에서 쉽고 즐겁게 미술을 했으면 하는 바람이었습니다. 이 책의 파트 구성은 공교육에 따른 아이들이 받아들여야 할 과정들이 있지만 공교육과의 연계성을 최종 목표로 하지는 않았습니다. 이 책에 나온 모든 주제는 아이들이 꼭 알아야 하고 외어야 하는 교육이 아닙니다. 아이들 스스로 미술을 하기 위한 동기부여의 수단이며 형식임을 이해해주셨으면 합니다. 가장 중요한 것은 아이들이 그림을 그리고, 결과를 바라보며 스스로 느끼고 그 안에서 재미를 발견하는 것입니다.

수업마다 생각하기 15분, 표현하기 50분, 설명하기 15분 정도로 80분 수업을 기준으로 구성하였습니다. 아이마다 이해력과 수업에 임하는 태도도 다르고 수업마다 난이도도 모두 다르기 때문에 각각 진행하는 시간이 조금씩 다를 수 있습니다. 하지만 대체적인 수업 진행 시간 가이드로 말씀드립니다. 미술을 잘하지 않는 아이들도 한 번쯤 경험하고 넘어가길 바라는 마음으로 파트를 구성하였습니다. 아이들이 미술놀이를 통해 자신의 이야기를 한마디라도 편하게 하는 모습을 볼 수 있다면 이 책은 성공이라고 생각합니다.

초등학생을 대상으로 하는 만큼 자주 접했던 부모들의 질문에 대한 방법론도 '어떻게 코칭할까요?'에 반영했습니다. 그러나 반드시 이렇게 해내지는 않았으면 좋겠습니다. 이대로 적용하기 전에 아이를 믿고 기다려주는 것과, 아이가 고민하여 물어볼 때는 스스로 답을 찾을 수 있도록 질문을 던져주는 것이 최선이라고 말씀드리고 싶습니다.

미술놀이의 난이도는 다양해서 어떤 것은 너무 쉽고, 또 어떤 것은 너무 어렵게 느낄 수도 있습니다. 따라서 순서대로 진행하지 않아도 되며 하나의 파트만 따라 해보고 흥미를 느낀다면 비슷한 방법으로 변형해서 시도하셔도 좋습니다. 실제로 다양한 나이의 아이들을 만나면서 하나의 미술놀이에서 결과물이 모두 다르게 도출되는 것을 보았습니다. 이 책을 통해서 아이와 여러 과정을 함께 경험하고 행복한 시간을 공유하길 바랍니다.

재료 소개

미술 재료는 무궁무진합니다. 요즘은 화방 관련 쇼핑몰에서 기본적인 재료를 더 개발해서 만든 제품들도 세분화되어있어서 관심이 있다면 다양한 재료를 선택해보는 것도 좋습니다.

하지만 미술을 집에서 하는 것이 어렵게 느껴지는 이유 중 하나가 바로 준비물입니다. 미술 활동으로 집을 어지르고 다시 정리하고, 그 재료들을 보관할 생각을 하면 시작부터 부담스럽게 느껴집니다. 따라서 재료 준비에 부담을 느낀다면 수업을 위해 일부러 재료를 사지 않으셔도 됩니다. 중요한 것은 미술 활동을 하고 싶은 마음입니다. 마음만 있다면 연필 한 자루만으로도 미술은 가능합니다. 최대한 가지고 있는 재료들을 활용하여 즐거운 마음으로 많이 즐기는 것이 더 중요합니다. 그래서 다양한 재료를 소개하면서 대체 가능한 것들은 '최소한의 재료'로 소개하였습니다.

그림 재료

8절 켄트지 180g 도화지보다 조금 더 두꺼워서 그림의 바탕이 되는 종이로 주로 사용한다.

8절 도화지 130g 마블링이나 콜라주 등 붙이는 종이로도 활용할 수 있다.

A4 용지 아이디어 스케치 같은 본 작업을 하기 전에 사용한다.

2절 켄트지 180g 식물의 일부분을 관찰하여 크게 그리는 작업에서 사용한다.

전지 켄트지 180g 두들 드로잉, 액션 페인팅이나 몸 그리기 등의 대형 작업할 때 쓴다.

색도화지 다양하게 구성된 색지를 마련해 놓으면 콜라주 작업시 유용하다.

색종이 종이 접기나 각종 콜라주에 활용 가능하다.

연필(최소한의 재료: 집에 있는 연필)

연필은 드로잉과 거의 모든 그림의 스케치 단계에서 사용한다. 아이들 가운데 힘을 줘서 진하게 그리는 습관이 있거나 한 번에 진한 선을 그으려는 경향이 있다면 옅은 심의 연필을 사용해보자.

연필은 F가 가장 흐리고 딱딱한 심이며 그다음이 H, 2H, 3H … 9H, HB, B, 2B, 3B … 9B 순서로 진해지면서 무르다. 소묘용 연필은 보통 4B나 2B정도로 사용하지만 힘 조절이 미숙한 아이들 중 진한 선자국이 남아 괴로워하는 경우도 많으니 가능하면 H심의 연필처럼 옅은 심의 연필로 스케치를 하는 것이 좋겠다.

드로잉 재료로는 목탄과 콩테도 있다. 연필보다는 더 거친 느낌을 주는데 아이가 꼼꼼하거나 어긋나는 것에 스트레스를 받는다면, 반대로 번질 수밖에 없는 목탄이나 콩테를 경험하는 것도 도움이 될 것이다.

지우개(최소한의 재료: 집에 있는 지우개)

미술용 지우개는 더 말랑거리고 쉽게 지울 수 있다.

색연필(최소한의 재료: 학교에서 쓰는 12색 색연필)

아이들이 학교에서 사용하는 색연필 위에 조금 더 다양한 색채를 경험하고 싶다면 연필처럼 깎아서 쓰는 색연필을 추천한다. 색연필은 '유성'과 '수성'으로 나뉘는데 우리가 일반적으로 사용하는 색연필은 유성이다. 수성 색연필은 그림을 그리고 나서 붓에 물을 묻혀 칠하면 수채화 같은 느낌을 낼 수 있다.

크레파스(최소한의 재료: 학교에서 쓰는 크레파스 12색~24색)

저학년이 주로 쓰는 채색 재료이다. 유사한 재료로는 크레용과 오일 파스텔이 있다.

사인펜, 네임펜, 유성매직펜(최소한의 재료: 사인펜, 검은색 네임펜)

유성 매직펜은 굵은선을, 사인펜이나 네임펜은 가는 선을 표현할 수 있다. 네임펜과 매직펜은 물에 번지지 않는 특성이 있어서 스케치한 그림 위에 선을 덧 그린 후 채색할 때 사용한다. 사인펜은 물 없이 채색하고 싶을 때 진하고 빠르게 칠할 수 있다.

파스텔

가루를 막대 모양으로 굳혀 만든 재료로 은은한 표현을 하고 싶을 때 사용하면 좋다.

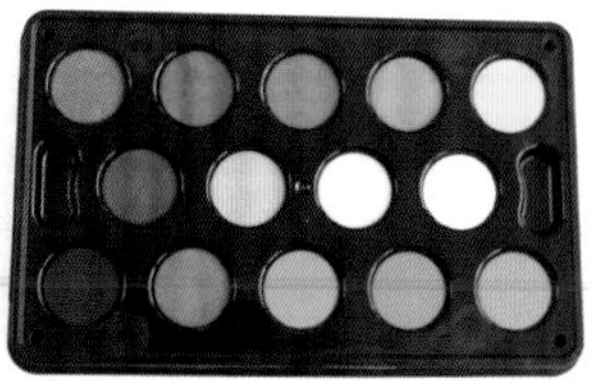

픽사티브

주로 스프레이 형태로 판매하고 있다. 목탄, 콩테, 파스텔 등의 재료로 완성한 그림 위에 뿌려주면 가루가 날리거나 묻어나지 않게 고정해주는 액체이다.

수채화 물감

18색 정도를 선택한다. 흰색 대신 물의 농도를 조절하여 투명 수채화로 채색하거나 흰색과 검은색을 섞어 불투명 수채화로 사용할 수 있다.

아크릴 물감

유화에 기름을 섞어 쓰는 불편함을 덜기 위해 개발된 물감으로 물을 섞어 쓰는 불투명한 성질의 물감이다. 만들기를 한 후에 채색할 때 사용할 수 있다.

철 팔레트

보통 초등학교 고학년부터 사용하며, 알루미늄 소재에 특수 도장 처리를 한 제품으로 가볍고 내구성이 좋다. 물감으로 인한 제품의 변색이 없어 많이 사용한다.

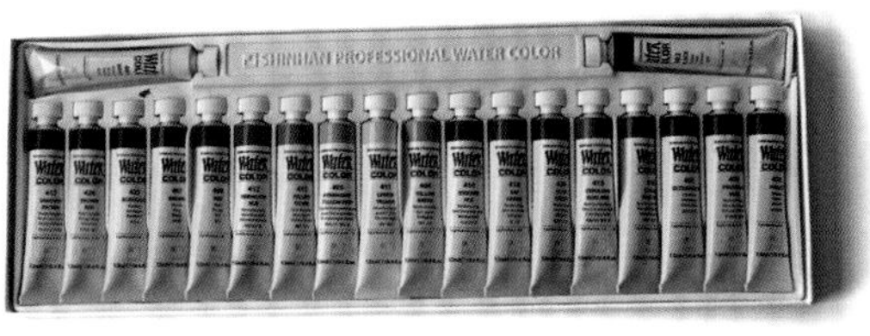

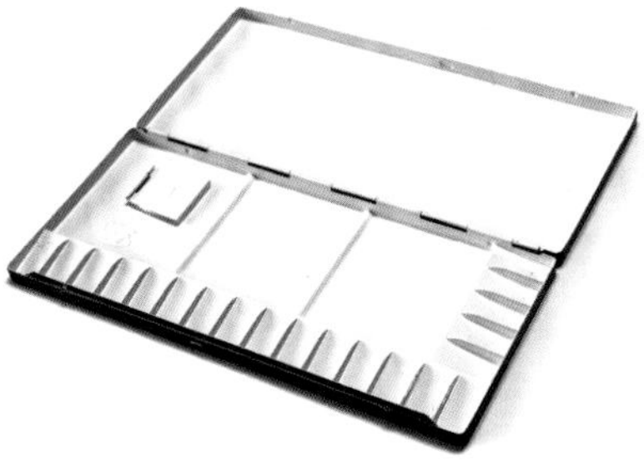

아크릴 팔레트

아크릴 물감 전용 팔레트가 있지만 사용하고 난 뒤에 굳은 물감을 뜯어내고 수세미로 문질러서 닦아야 한다. 간편하게 A4 사이즈의 아크릴판에 랩을 돌려가며 감아 놓고 사용한 면만 뜯어내어 쓸 수 있다.

휴지 혹은 행주(최소한의 재료: 휴지)

붓의 세척 및 물감의 농도 조절시 필요하다. 비스코스 소재의 행주도 흡수가 빨라 반복적으로 사용할 수 있다.

붓(최소한의 재료: 아동용 붓 세트)

사용 빈도가 높은 사이즈끼리 묶어 아동용 붓 세트로 나온 제품들을 추천한다. 한 세트에 둥근 붓 3개(1, 6, 10호)와 평붓 2개, 총 5개로 구성되어 있어서 수채화 시간이나 포스터를 그릴 때 편리하게 사용할 수 있는 상품을 선택한다. 수채화 붓은 홀수인 1, 3, 5, 7호식으로 갖추면 작은 붓부터 큰 붓까지 다양한 붓을 경험할 수 있다.

큰 평붓

납작한 평붓은 배경을 칠할 때, 젯소 작업이나 큰 종이에 작업(액션페인팅)할 때 쓰인다.

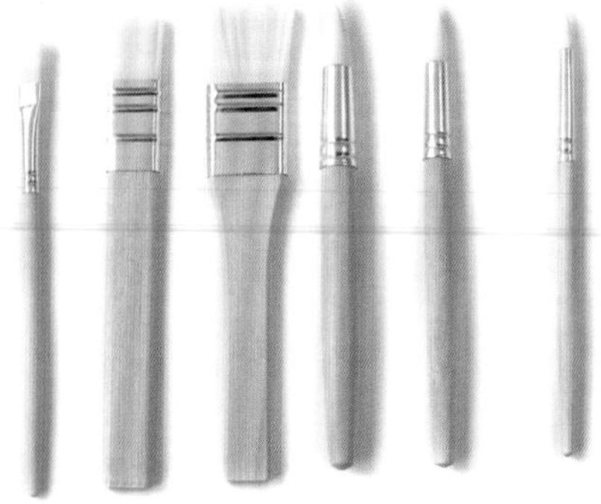

물통(최소한의 재료: 재활용 물통)

플라스틱 접이식 물통은 접을 수 있어서 보관하거나 이동할 때 편리하다. 칸막이가 나뉘어 있는 물통을 선택하면 맑은 물을 따로 둘 수 있어서 오래 쓸 수 있고, 다른 사람도 함께 사용할 수 있다.

마블링 물감

물이 담긴 통 위에 기름 성질의 물감을 떨어뜨린 후 막대기로 휘휘 저어 우연의 무늬를 만들 수 있다.

세숫대야

물을 붓고 그 위에 마블링 물감을 떨어뜨리는 용도로 사용한다.

나무젓가락 / 빨대

간단하게 물감을 휘저을 때 사용한다.

다용도 비닐 깔개(최소한의 재료: 신문지)

바닥에 깔아 놓아 작품을 말리거나 물감이 묻지 않도록 한다.

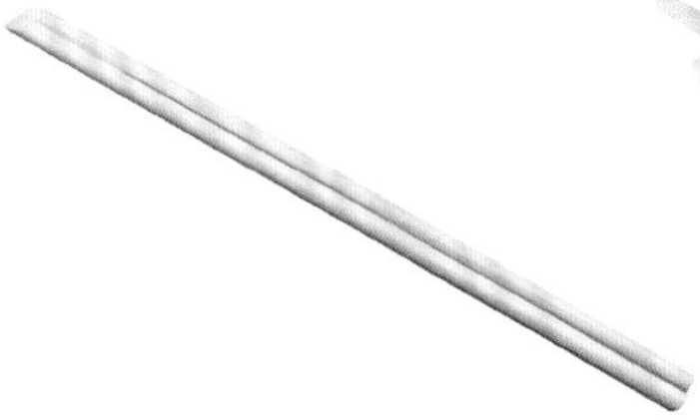

만들기 재료

다양한 물건들을 활용해 만들기를 할 수 있습니다. 우유갑, 종이 상자, 스티로폼 상자, 빈 병, 수수깡, 잡지 등 무엇이라도 접착할 수 있는 재료와 자를 수 있는 재료, 그리거나 붙여서 꾸밀 수 있는 재료만 있으면 됩니다.

풀

고체형 풀과 액체형 풀이 있다.

글루건

글루건 총과 글루건 심이 있으면 풀로는 붙일 수 없는 다양한 것들을 쉽게 접착할 수 있다. 글루건 심만 있어도 라이터를 이용해 녹여서 사용할 수 있다.

가위

여러 종류의 가위가 있는데, 일반 가위와 섬유용 가위까지 있으면 좋다.

칼

가위로 오려 내기 힘들 때 커터칼을 사용한다. 이때 보호자의 관찰 아래 진행하도록 한다.

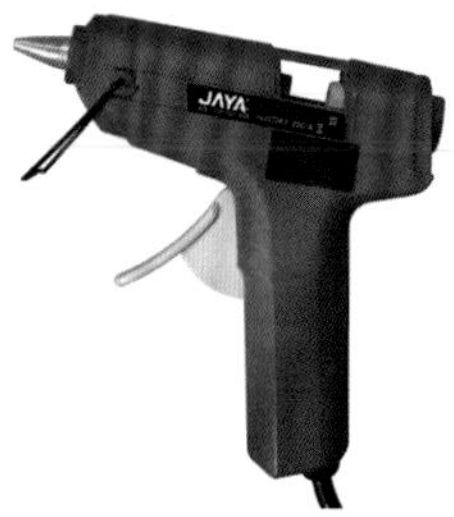

재단 매트

재단 매트를 바닥에 깔고 그 위에서 대고 칼을 쓰면 바닥의 손상을 막을 수 있다. 사이즈 별로 있으니 편한 것으로 구비하면 된다.

지점토, 데코레이션 찰흙

점토에 종이 섬유가 첨가된 공예 재료이다. 철사, 나무, 끈, 종이, 유리 등 어떤 것에도 접착이 잘 되며 작품이 굳은 후, 칼이나 조각도로 조각도 가능하다. 수채화 물감, 아크릴 및 포스터 컬러로 채색한 뒤에 바니쉬를 칠하면 멋진 작품이 된다.

컬러점토

컬러점토는 밀가루로 만든 무독성의 점토이다. 여러 색의 점토를 혼합하여 다양한 색을 만들 수 있으며 어린이들이 가장 많이 사용하고 있다.

펠트

부직포 같은 느낌의 재료로 양모로 만든 원단이다. 원단 중 가위로 오려 내기 간편하고 글루건이나 양면테이프로 접착이 가능하다.

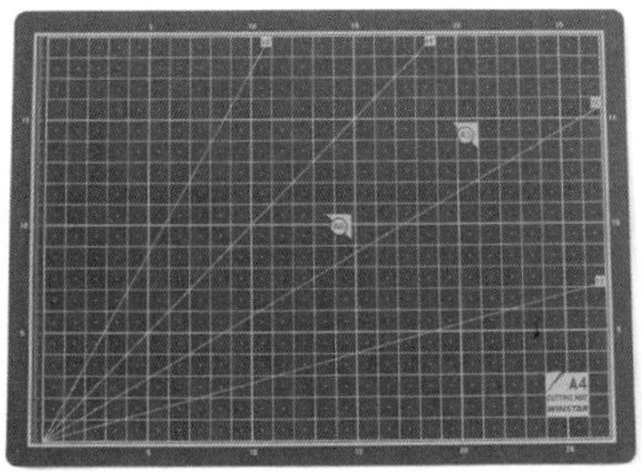

바니쉬

작업을 완성한 뒤에 작품의 표면에 바르는 투명한 코팅제로 변색이나 생활 때가 묻는 것을 방지한다. 또한 유광, 무광, 수성 등으로 나뉜다.

젯소(생략 가능)

만들기를 할 때 색칠하기 전에 칠하면 표면을 매끄럽게 해주며 색을 더 선명하게 한다.

염색펜

다양한 형태의 염색펜이 시중에 있다. 기본적으로 사인펜 같은 형태의 염색펜을 구비한다.

A4 전지 라벨지

아무런 무늬가 없는 라벨지이다. 직접 그림을 그려 스티커를 만들 수 있어 콜라주 작업을 포함해 다양하게 활용할 수 있다.

OHP 필름지

투명한 비닐 필름으로 그 위에 네임펜이나 유성매직으로 그림을 그려 다양하게 연출할 수 있다.

점 모양 스티커지

점으로 표현하는 작품을 만들 때 사용한다.

마스킹 테이프

여러 가지 색으로 다양한 선 표현을 할 수 있다.

그 외 다양한 재료

롤러, 면봉, 스탬프, 천사점토, 털실, 실, 단추 등이 필요하다.

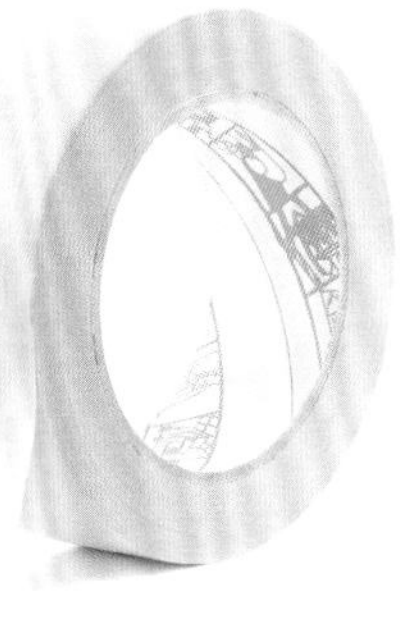

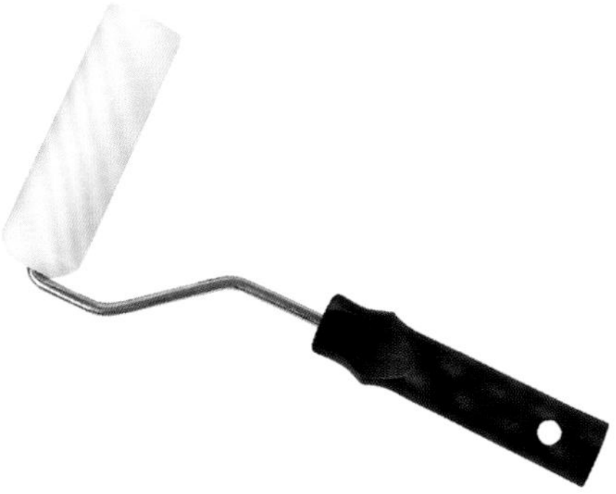

코칭맘을 위한 가이드

∷ 어떻게 코칭할까요? ∷

이 책에서는 어린이의 미술 활동을 위해 전문적인 미술 기법을 소개하기보다 아이들의 개성을 발현시키기 위한 방법론으로 그림책, 회화, 디자인 등에서 접할 수 있는 이야기나 형식을 중심으로 구성하였습니다.

따라서 아이가 부담 없이 자유롭게 표현할 수 있도록 재료도 아이가 좋아하는 것으로 선택하길 바랍니다. 다만 여러 가지 재료를 택하여 진행하는 데 어려움을 느낀다면 아래와 같은 방법을 추천합니다.

1 색칠하는 그림 그리기를 5단계로 설명하기

그림을 그릴 때 연필로 밑그림을 그리고 채색재료로 색을 칠하여 작품을 완성하는 방법입니다. 아이들이 채색을 완성하기까지의 과정을 다섯 단계 정도로 나눠 소개합니다. 하지만 반드시 이 단계로 진행하지 않아도 괜찮습니다.

① 밑그림 그리기 그림을 다 그렸다고 생각하면 뒤로 물러나 멀리서 한 번 보고 더 이상 고칠 부분이 없는지 전체적인 균형을 살펴보고 판단하여 수정하고 마무리합니다.

② 옅은 채색 흰색에서 검은색 사이를 5단계로 나눈다고 생각했을 때 2~3 정도에 해당합니다. 일반적으로 밝은색부터 채색합니다. 어두운색을 먼저 칠하면 색이 탁하게 섞일 수 있기 때문입니다.

③ 중간 채색 아이들이 "다 했어요!" 하고 가장 많이 외치는 단계입니다. 면을 다 색칠했기 때문입니다. 이때도 한 번 더 멀리서 그림을 바라보며 전체적으로 확인합니다.

④ 작은 표현들 채색을 완성한 그림에서 더 강조할 부분이 있는지 관찰합니다. 어두운 부분과 밝은 부분에서 더 강조할 게 있는지 살펴보고 작은 면들의 표현을 정리해주어 그림의 완성도를 높여줍니다.

⑤ 정리 작업 거리를 두고 작품을 반복 확인하며 4번의 단계를 스스로 만족할 때까지 진

행하고 마무리하여 완성합니다.

2 다양한 아이들을 코칭하는 방법

그림을 그리면 그림 속에 아이들의 성향이 잘 드러납니다. 선을 표현하는 것만 봐도 거칠고 빠르게 단숨에 끝내는 아이가 있는가 하면 꼼꼼하거나 섬세해서 시간이 부족한 아이들도 있습니다. 이렇게 다양한 아이들을 만나다 보니 종종 반복되는 상황들을 접하게 되었는데, 코칭할 때 도움이 되었으면 합니다.

1) 선을 빠르고 강하게 표현하며 시간이 남아도 "다 했어요"라고 말하는 아이들 코칭하기

그림을 장식적인 요소보다는 아이디어를 그림으로 표현하는 것에 흥미를 느끼는 경우일 수 있습니다. 그럴 때 아이와 대화하면서 좀 더 다양하고 많은 이야기가 그림에 담길 수 있도록 해주세요. 이야깃거리가 늘어나면 그림도 더 그리게 됩니다. 강하고 속도감 있는 선의 매력도 알려줄 수 있으며 아이디어가 뛰어난 경우는 재밌다고 말해주는 것도 좋습니다. 무엇이든 자발적으로 동기부여가 될 수 있다면 좋을 것입니다.

밑그림을 잘 그렸지만 작업을 완성하지 못할 때도 있습니다. 선 하나를 그어도 완성이 되어야 감상을 이야기할 수 있지만. 잘 그린 스케치로 끝난 작업은 평가될 수 없습니다. 만약 아이가 그림을 그리다 시간이 남는다면 정해진 시간 안에 조금 더 작품을 다듬을 수 있도록 격려해주세요.

2) 특정 캐릭터에 빠진 아이들 코칭하기

캐릭터를 중심으로 관련 이미지를 만족할 때까지 다양하게 많이 그려보길 권합니다. 예를 들어 아이가 헬로키티를 좋아한다면 종이에 헬로키티를 여러 개 그려보는 것도 재밌을 것입니다. 이때 경찰키티, 발레키티, 요리키티 등으로 응용해서 그릴 수 있다면 아이는 좋아하는 대상을 좀 더 깊이 이해할 수 있고 다양한 상황을 표현하며 더욱 즐거움을 느낄 수 있습니다. 아이가 무언가 매우 좋아한다면 걱정하지 마시고 더 즐길 수 있도록 응원해주세요. 그것을 시작으로 다양한 시각으로 세상을 이해하고 바라볼 수 있게 도와주세요.

3) 기존의 캐릭터나 누군가 그린 그림만 따라 그리는 아이들 코칭하기

기존의 캐릭터도 실제 대상을 모티브로 만든 결과물입니다. 이렇게 이미 누군가 만들어 놓은 캐릭터를 따라 그림을 그리는 것도 아이들에게 즐거움을 느낄 수 있는 미술 활동의 동기부여가 된다면 괜찮습니다. 하지만 캐릭터나 기존의 실제 대상을 재해석한 결과를 보고 따라 그리는 것에 익숙해지면 실제 대상을 관찰하는 것에 어려움을 느낄 수도 있습니다. 이럴 때 대안으로는 실제 대상을 토대로 캐릭터를 만들어보거나, 아이의 이야기를

담아 점 · 선 · 면처럼 추상적인 형태를 조합해서 자신만의 새로운 캐릭터를 창작해보는 것도 좋습니다.

4) 너무 조심스럽게 그리거나 짧은 선만 쓰는 아이들 코칭하기

더욱 섬세한 아이들은 표현에서도 그 아이만의 결이 드러나길 마련입니다. 그렇지만 부모가 불만스럽게 느끼거나 조금 더 힘 있게 바꾸고 싶어 하는 경우도 만나게 됩니다. 아이를 기다려주고 장점이 더 드러나게 하는 것이 우선시 되어야 하지만, 먼저 경험하게 해주고 싶다면 주제에 맞는 중심내용을 생각한 다음 어느 정도의 크기로 그릴지 덩어리를 잡고 나서 그리는 것도 방법이 될 수 있습니다. 꼼꼼하거나 완벽주의 성향의 아이라면 목탄이나 파스텔과 같은 재료를 다뤄 보는 것도 새로운 경험이 될 것입니다. 선이 거칠어서 벗어날 수밖에 없으므로 과감하게 작업하는 계기가 될 수 있습니다. 익숙함에서 벗어나 다뤄보지 않은 재료를 써보는 것도 다른 감각을 체험할 수 있습니다.

3 아이들이 선호하는 만화적인 표현들을 마주할 때

만화나 캐릭터에 익숙한 아이들이 많이 쓰는 예를 몇 가지로 추려서 정리했습니다. 기존의 캐릭터나 그림을 차용해서 쓰는 아이들에게 절대로 안 된다고 하기보다는 다른 표현 방법을 생각해볼 수 있게 말해주세요. 지금 당장 고치지 않더라도 자신만의 스타일을 찾는 계기가 될 수 있습니다. 그래도 아이가 이렇게 표현하는 것을 너무 좋아한다면 억지로 고치려고 애쓰지 않으셔도 됩니다. 더불어 〈4. 얼굴을 다양하게 표현하자〉와 〈5. 드로잉을 하자〉 파트를 참고하면 사람을 나타내는데 좀 더 새로운 시각으로 표현할 수 있을 것입니다.

1) 눈 안에 세 개의 눈동자를 넣거나 한쪽 눈을 윙크(〈)로 표현할 때

실제 사람 눈은 피부에 덮여 있어서 일부만 보이지만, 안구는 공처럼 동그랗고 그 위를 눈꺼풀이 덮고 있다는 점을 알려줄 수 있습니다.

2) 얼굴 크기보다 가늘고 짧게 선 두 개로 목을 표현할 때

사람의 목은 생각보다 매우 굵다고 보여줍니다. 목선은 직선이 아닌 곡선이며 실제 얼굴과 목의 굵기를 관찰해보면 더욱 쉽게 이해를 도울 수 있을 것입니다.

3) 손과 발은 매우 작게 그리고 코를 생략할 때

손으로 얼굴을 만져봅니다. 캐릭터를 그리는 것에 익숙한 아이들에게 코를 그리라고 하면 얼굴이 못생겨질까 봐 스트레스를 받으면서 최대한 작게 그리거나 코를 그리지 않고 생략하는 경우가 많았습니다. 사람 코는 어느 정도의 크기로 얼굴의 중앙에 있다는 점을 말해줍니다. 손을 얼굴에 포개어 사람의 손과 발이 생각보다 크다는 점을 알려줍니다.

4) 말풍선 안에 글씨를 써서 표현할 때

만화적인 표현이므로 경우에 따라 선택할 수 있는 방법입니다. 그렇지만 최대한 이러한 표현은 자제하고 그림으로 내용이 전달될 수 있도록 지도합니다.

4 컬러를 흑백으로 나타내기

연필로 그림을 그릴 때 입체적인 느낌을 살리기 위해 '명암'을 나타내곤 합니다. 입시 미술을 배웠을 때 공식에 대입해서 그림을 그리면서 명암에 관해 알게 되었으나, 시간이 흐르고 나서 생각해보니 어떤 공식이나 순서를 따르지 않고도 쉽게 가르칠 수 있는 방법을 알았습니다. 바로 휴대폰 하나만 있으면 알록달록한 채색재료 없이 연필 하나만으로도 선택한 대상을 입체적으로 충분히 표현할 수 있습니다.

먼저 그릴 대상을 휴대폰의 카메라로 사진을 찍습니다. 그런 뒤에 찍은 사진을 휴대폰의 흑백사진 필터를 이용하여 전환합니다. 컬러로 보이던 색깔들이 무채색으로 보이고, 빛에 따라 대상이 밝은 회색과 어두운 회색으로 보이는 것을 확인합니다. 아이들에게 실제 대상과 흑백사진을 비교하여 볼 수 있도록 충분한 시간을 주세요. 그러고 나서 사진은 보

지 않습니다. 대상을 관찰하며 그림을 그리면서 어느 정도의 톤으로 칠하면 좋을지 상상할 수 있게 도와주세요. 대상의 어느 곳이 밝고 어두운지, 같은 무채색이어도 밝고 어두움에 따라 색이 다르게 느껴지는 것을 아이들 스스로 경험할 수 있도록 합니다. 기계적으로 공식에 대입하는 것이 아니라 몸소 체험하며 쉽게 명암에 관해 이해하길 바랍니다. 명암을 알면 그림을 그릴 때 좀 더 풍부하게 표현할 수 있기 때문입니다.

5 그림 속의 그림, 여백을 바라보는 힘

병이 하나 그려진 그림이 있습니다. 우리는 보통 그림에서 그려진 병만 봅니다. 그런데 사실은 그림에서 병을 제외한 나머지 여백의 모양도 바라볼 수 있습니다. 병의 크기나 위치에 따라 여백의 모양도 달라지는 것입니다. 이 사실을 이해하고 그림을 그릴 때 적용할 수 있다면 더욱 좋은 감각으로 그림을 구성할 수 있게 됩니다.

6 지우개 없이 그리다 보면 생기는 힘

지우개가 있으면 그림을 그리다가 마음에 들지 않거나 선을 잘못 그렸을 때 지울 수 있기 때문에 적당히 그림을 그리는 습관이 생길 수도 있습니다. 주어진 시간 동안 최대한 관찰력을 끌어올리기 위해 지우개 없이 관찰 드로잉을 해보길 권합니다.

우리가 그림을 그리기 두려워하는 이유는 좋은 결과를 만들어야 한다는 생각이 앞서거나 그리는 동안 순간순간 판단을 하기 때문입니다. 지우개 없이 그림을 그린다는 것은 눈으로 관찰하고 머리로 정보를 처리해서 손으로 그려내는 종합적인 협동 작업을 통해 자신을 믿고 몰입하게 하는 행위입니다. 그림을 그리는 동안 성실하게 관찰한 흔적이 고스란히 종이 위에 남게 됩니다. 이것이 보기 좋은 작업이 아닌 것처럼 느껴질지도 모르지만 그 무엇보다 좋은 작업이 될 것입니다.

항상 눈은 종이보다 관찰하는 대상에 머무는 시간이 더 길어야 합니다. 이 시간 동안 틀렸다고 생각하는 선은 그저 조금 전에 관찰한 기록일 뿐입니다. 기록이 틀렸다고 생각되면 다시 관찰하고 기록하면 되는 것입니다. 결국 이 작업은 대상을 열심히 관찰하는 과정을 경험하고 온전히 자신을 느껴보는 시간이 될 것입니다. 그림을 그리는 데 있어서 하면 할수록 튼튼해지는 운동과도 같은 관찰력과 표현력이라는 기초체력을 강화하는 방법이 될 것입니다.

7 실제 대상을 보고 그리기

우리가 시각적으로 경험하는 현실은 3차원의 입체지만 종이에 표현된 것은 2차원의 평면입니다. 실제 사물은 앞뒤로 튀어나오고 멀리 있기도 하거나 가까이 있는 것처럼 거리에 따라 다르게 보이기도 합니다. 종이에 그림을 그릴 때는 원래 대상의 크기나 상하, 좌우의 위치를 판단하여 변형해서 표현하게 됩니다.

사진 또한 입체를 평면으로 변형한 이미지입니다. 그림을 그릴 때 사진을 보고 그린다는 것은 실제 대상을 평면으로 바꾼 모습을 보고 따라 그리는 것입니다. 그러나 실제 대상을 직접 보고 그리는 것은 입체를 평면으로 변형시키는 작업입니다. 결과가 같더라도 작업의 과정과 눈과 머리에서 받아들이는 관찰의 과정이 전혀 다른 것입니다. 입체를 보면서 그리면 관찰한 작업의 과정이 결과에서도 느껴지므로 대상을 직접 보고 그림을 그리는 것이 좋겠습니다.

8 복잡한 구조를 쉽게 표현하는 방법

동식물이나 사물을 그릴 때 복잡한 구조가 한눈에 들어오면 어디서부터 어떻게 표현해야 할지 곤란해서 큰 부담을 느끼는 아이들이 있습니다. 이럴 때 적용하는 방법입니다. 단, 흥미를 잃지 않도록 아이에게 필요하다고 판단이 될 때 해주시길 바랍니다.

1) 가장 큰 덩어리로 표현하기

종이에 그릴 대상의 전체 크기를 반죽을 올려놓듯 덩어리를 느낄 수 있게 옅은 선으로 그립니다.

2) 덩어리 나누기

예를 들어 동물을 그릴 때 머리, 가슴, 배, 다리 등 구조적인 부분을 덩어리지어 나눠줍니다. 그런 다음 실제 대상과 부분 부분의 비율을 관찰하며 세부 표현을 이어주며 그림을 그립니다.

∷ 그림을 그릴 때 알아두면 좋은 코칭맘을 위한 채색에 관한 설명! ∷

아이가 그림을 그렸다면 색칠도 원하는 재료로 할 수 있게 도와주세요. 크레파스, 파스텔, 물감 등 다양한 채색재료를 경험하다 보면 좋아하는 재료를 찾을 수 있을 것입니다. 많이 사용하는 혼합 채색재료의 유형에서 종종 쓰는 방법에 대해 다음과 같이 정리합니다.

1 네임펜으로 선 정리하기

① 연필로 스케치를 합니다.

② 네임펜(유성)으로 스케치 선을 따라 그린 뒤 지우개로 지워 정리해줍니다.

③ 물감이나 색연필 등 채색재료로 마무리하면 선명한 선의 느낌을 살려 그림을 명확하게 해주는 효과를 누릴 수 있습니다.

2 연필로 관찰 드로잉하기

① 옅은 선으로 스케치합니다. 이때 아이가 대상을 표현할 때 반죽을 빚는다고 상상하며 큰 덩어리를 먼저 그린 뒤에 덩어리를 잘게 나눠가며 세부묘사로 이어 그립니다.

② 전체 크기의 스케치를 마치면 연필로 칠해줍니다. 선으로 무심하게 채우기보다는 대상의 결의 방향을 찾아 관찰하며 의식적으로 명암을 표현해 봅니다.

③ 진한 부분을 표현할 때 힘을 주어서 한 번에 긋는 선과 여러 번 중첩한 선은 같은 어두움이라고 해도 그 깊이와 느낌이 다릅니다. 선을 여러 번 겹쳐 그리며 명암을 나타낼 수 있도록 코칭해주세요.

3 채색 방법

그림을 채색할 때 대부분 적용할 수 있는 방법입니다.

① 밝은색을 먼저 칠하고 더욱 짙은 어두운색은 다음에 칠합니다.

② 넓은 면을 먼저 칠하고 세부적인 표현은 이후에 합니다.

③ 그림을 그리는 중간이나 스케치가 끝났을 때, 채색을 다했을 때, 마무리 작업할 때, 스스로 판단이 잘 안 될 때는 그림에서 멀리 떨어져서 전체적인 느낌을 확인하고 더 작업할 부분을 생각해봅니다.

④ 그림에 글씨를 써야 할 때도 있습니다. 글씨도 그림의 구성 요소 중 하나입니다. 어느 위치에 배치하는 것이 가장 아름답게 보일지 생각하도록 코칭해줍니다. 세로 배열로 적어도 되고 가로로 쓸 수도 있습니다. 그림처럼 리듬감 있게 날아가듯 적을 수도 있습니다. 글씨를 그림처럼 분위기에 따라 함께 어울리게 배치할 수 있도록 합니다.

⑤ 완성한 작품 밑에는 이름을 사인처럼 만들어 쓰는 것도 좋습니다. 담백하게 이름만 적어도 좋고 자신만의 상징을 만들어서 표현하는 것도 좋습니다. 이러한 이름도 어디에 써야 잘 어울릴지 생각하고 적어봅니다.

그림을 보고 이야기 나눌 때 필요한 코칭맘의 센스!

아이에게 그림을 그리는 과정도 중요하지만 함께 완성된 작품을 감상하고 이야기를 나누는 것도 귀중한 표현 방법입니다. 작업하면서 느꼈던 점을 친구들이나 부모님 앞에서 발표할 수 있게 도와주세요. 이때 그림을 무지의 벽에 붙여 어느 정도 거리를 유지한 채 집중해서 보는 것도 좋습니다. 그런 뒤에 아이는 작가가 되어 그림 옆에서 자신의 작품에 관해서 설명합니다. 이는 작가가 되는 경험이며 이 과정을 통해 아이들 스스로 어떤 작업을 했고, 무엇을 느꼈는지 재차 확인할 수 있습니다.

기본적인 질문을 토대로 관심이 가는 부분에 대하여 더 이야기해도 좋고, 친구들의 질문을 받아보며 대답하는 시간을 가져도 좋습니다. 주의할 것은 아이들이 발표자의 그림을 존중할 수 있도록 이끌어 주는 것입니다. 궁금한 것이 있으면 질문하되 비난하지 않도록 합니다.

아이의 완성된 그림에 관해 독창적이거나 하나 이상의 좋은 점들을 찾아 반드시 칭찬해주세요. 마지막으로 작품을 완성하여 보여준 것에 고맙다는 태도로 미술 활동을 마쳤으면 합니다.

1 아이와 좋은 그림을 많이 보기

미술관에 직접 찾아가 그림을 감상할 수 있다면 좋겠습니다. 자주 가기 어렵다면 인터넷을 통해 수많은 예술 작품을 쉽게 접할 수도 있습니다. 구글(Google)의 크롬 웹브라우저 유저들에게 '구글 아트 프로젝트(Google Art Project)' 앱을 다운받기를 권합니다. 크롬 창을 열 때마다 첫 페이지에서 전 세계 17개 유명 박물관에서 볼 수 있는 미술품을 1천여 점 이상 접하는 즐거움을 얻을 수 있습니다.

그림을 보고 무엇이 보이는지 함께 느껴보길 바랍니다. 한 점의 그림에서도 다양한 풍경을 바라볼 수 있습니다. 가볍게 바라보고 궁금증을 많이 가졌으면 합니다. 다음은 그림에서 발견할 수 있을 만한 것들에 관해 질문하는 예시입니다. "어떤 색이 좋아?", "어떤 장면이 마음에 들어?" 그림에 펼쳐진 이야기에서 꼬리에 꼬리를 물며 대화를 이어나가다 보면, 아이들이 그림을 좀 더 쉽게 받아들이고 새로운 호기심과 궁금증도 갖게 될 것입니다. 혹시 질문에 당장 답을 하지 못해도 괜찮습니다. 시간이 흐르고 나서 실제로 본 작품에서의 감동을 떠올리며 또 한 번 인생의 어떤 순간에 아름다운 경험이 되어 줄 것입니다. 자신이 좋아하는 그림에는 좋아하는 것과 싫어하는 것이 섞여 있습니다. 좋아하는 그림에서 어떤 요소를 좋아하는지 좀 더 찾을 수 있게 도와주세요. 이렇게 그림을 살펴보고 나서 자신이 무엇을 좋아하는지 알게 된다면 그림을 더욱더 재미있고 신나게 즐길 수 있을 것입니다.

2 아이의 그림을 집에 전시하기

집안에 아이의 그림을 걸어 놓는 것이 열 마디의 칭찬보다 훨씬 효과적입니다. 냉장고 문이나 방문 혹은 벽 등 잘 보이고 붙이기 쉬운 곳에 아이가 그린 그림을 전시한다면 자연스럽게 공유할 수 있습니다. 또한 이러한 일상을 통해 아이는 존중받는다고 느낄 수 있습니다. 여력이 된다면 단 한 개라도 액자를 구매해서 잘 보이는 곳에 아이의 작품을 걸어놓을 수 있다면 보기에도 좋고 만족감도 높아질 것입니다. 집안의 어울리는 곳에 작품을 전시하여 함께 바라보며 이야기 나눌 수 있는 즐거운 미술 생활을 이루시길 바랍니다.

차례

1 그림책을 보고 표현하자

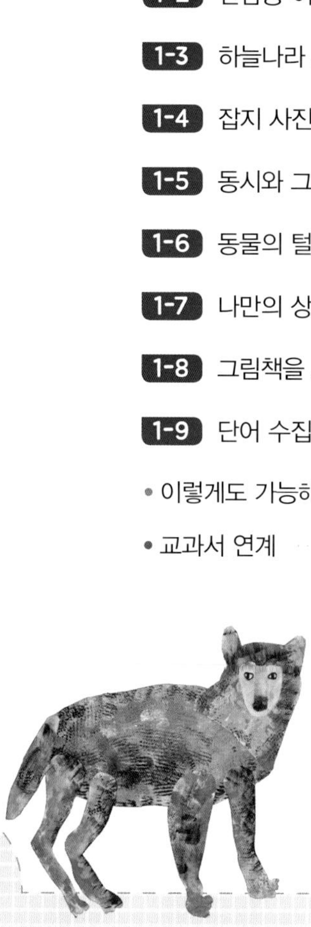

2 명화를 보고 표현하자

3 여러 가지를 만들자

차례

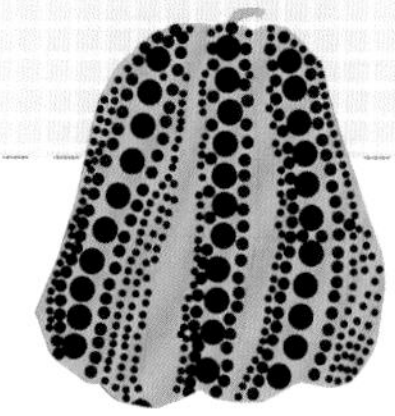

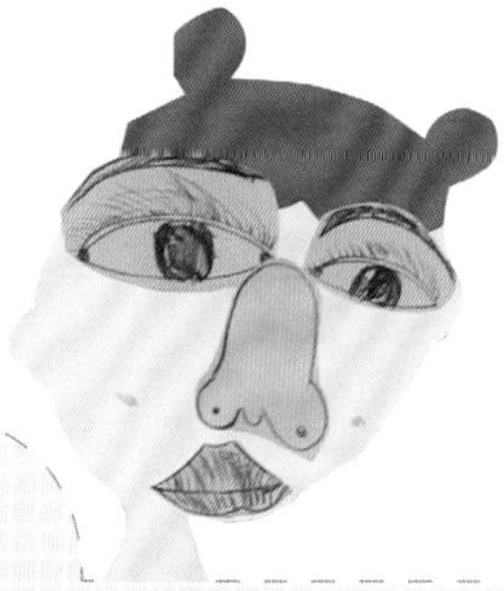

5 드로잉을 하자

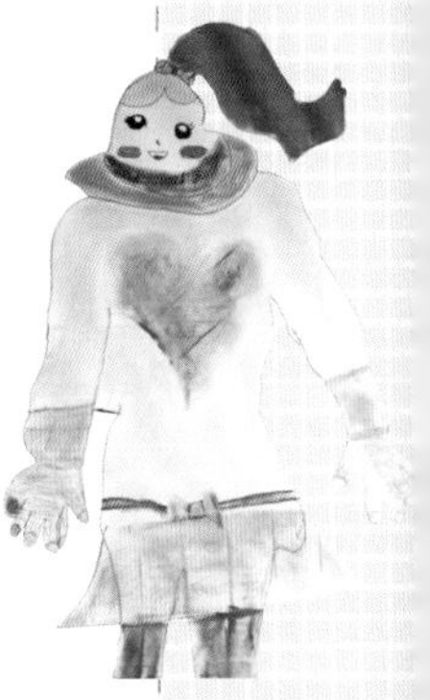

1 그림책을 보고 표현하자

집에 있는 책들로도 재밌는 미술놀이를 할 수 있습니다. 좋은 그림책을 찾아 아이들과 함께 읽어보세요. 그림책은 그림도 볼 수 있고 문학적, 예술적, 철학적인 가치를 지니고 있어서 미술놀이에 활용할 수 있는 장점이 많이 있습니다.

그림의 기법이나 표현이 인상적인 책이나 이야기가 새롭고 상상력을 유발하거나 공감과 위로를 불러일으키는 책이 있다면 미술 활동에 적극적으로 활용할 수 있습니다. 여러 권의 책에서 좋아하는 주제나 단어를 수집하는 것도 할 수 있습니다. 그림책을 보며 아이들 스스로 좋아하는 것을 발견하고 찾을 수 있습니다. 책을 읽고 나서 자기 생각과 달라서 아쉬웠던 부분이나 뒷이야기를 새롭게 만들어 보는 것도 재미있는 활동이 될 것입니다.

그림책의 그림 기법이나 이야기를 미술 활동에 적용하면 아이들은 자연스럽게 그림책 작가가 되어 이야기의 구조와 스토리텔링을 경험하며 확장시킬 수 있게 됩니다. 아이가 흥미를 느끼는 장면이 있다면 아이의 이야기를 들어주세요. 그 이야기를 통해 또 다른 이야기를 만들 수 있습니다. 책 속의 주인공을 그림으로 그리고 이야기를 재구성하면서 새로운 재미도 느낄 수도 있을 것입니다. 책 속에 풍덩 빠져 여행을 하듯 읽고 나면 하얀 종이 위에서 아이의 여행이 새롭게 시작할 차례입니다. 아이가 그림을 완성하면 부정적인 평가보다는 긍정적인 호기심으로 아이의 그림을 바라보고 이야기를 들어주길 바랍니다. 그림책을 보고 그림으로 표현하며 미술을 가깝게 느끼고 세상을 다양한 시각으로 바라볼 수 있는 아이로 살아가길 소망합니다.

자, 이제 재미있는 그림책을 읽고 우리 아이들의 이야기도 들어볼까요!

1-1

콜라주로 동물의 질감 나타내기

소요 시간 : 80분 필요 인원 : 1~4명

준비물 _ 켄트지 2장, 검은색 켄트지, 먹지, 물감, 붓, 칫솔, 팔레트, 물통, 면봉, 휴지, 풀, 가위

생각하기

어떤 대상의 질감을 잘 느낄 수 있게 다양한 재료를 이용해 표현한 그림책을 찾아보자. 만약 이런 책을 찾기 어렵다면 에릭 칼 작가의 작품을 추천한다. 에릭 칼 작가의 그림책 대부분은 콜라주 기법을 이용해 나타냈다.

좋아하는 동물을 선택해 인터넷이나 책에서 그 특징을 찾아보자. 그리고 나서 콜라주 기법으로 어떻게 표현할지 생각한 다음 시작하자.

표현
하기

❶ 표현할 동물의 전체 크기를 정하고 각 부위를 큰 덩어리로 나눈다. 각각의 크기를 생각하며 그린다.

❷ 새 켄트지 위에 먹지를 놓고 그 위에 ❶을 얹어 부위별로 따라 그린 뒤에 가위로 오려낸다.

❸ 오린 종이에 다양한 재료(칫솔, 면봉, 붓 등)를 이용해 질감을 느낄 수 있게 색칠한다.

❹ 검은색 켄트지에 채색을 완성한 종이를 풀로 붙여 작품을 완성한다.

설명
하기

- 여러 가지 재료를 이용해 콜라주 기법을 표현한 소감을 이야기해보자.
- 동물의 전체를 각 부위별로 나눠가며 표현한 작업에서 무엇을 느꼈는지 말해보자.
- 그림을 그리며 재미있었던 점이나 어려웠던 점, 궁금한 점을 함께 나눠보자.

콜라주 기법

콜라주(collage)는 화면에 종이나 사진, 신문, 잡지, 천, 나무 조각, 나뭇잎 등 다양한 재료를 붙여서 구성하는 회화 기법이다. 여러 가지 재료를 이용해서 질감이나 모양 등 각각의 특성이 나타나게 재구성하여 작품의 주제를 표현한다.

참고 도서 《갈색 곰아, 갈색 곰아, 무엇을 보고 있니?》 에릭 칼

콜라주 기법 # 콜라주로 질감표현 # 동물 그리기

1-2

한밤중 이야기를 긁어서 그리기

소요 시간 : 80분 필요 인원 : 1~4명

준비물 _ 켄트지, 아크릴 물감(검은색), 크레파스, 붓, 긁을 도구(뾰족한 것)

생각하기

깊은 밤에 일어나는 상상의 이야기를 다룬 그림책을 읽는다. 이번에는 모리스 센닥의《괴물들이 사는 나라》 혹은《깊은 밤 부엌에서》 그림책을 추천한다.

스크래치(긁어내기) 기법을 배우며 그림책의 한 장면을 만들자. 아이와 함께 그림책을 보고 나서 기억하고 있는 한밤중의 모습에 상상력을 더하여 멋진 밤풍경을 스크래치 기법으로 표현한다. 모두가 잠든 밤에 어떤 일이 일어날지 상상하며 즐겁게 작품을 만들자.

표현하기

❶ 켄트지에 다양한 색깔의 크레파스로 빈 공간이 없게 색칠한다.

❷ 크레파스가 보이지 않게 그림 위에 검은색 아크릴 물감을 덧칠한다.

❸ 아크릴 물감이 마르면 뾰족한 도구를 이용해 긁어 그린다.

❹ 상상한 깊은 밤의 모습에 대해 이야기하며 그린다. 작업을 마치면 긁어낸 가루를 정리한다.

설명하기

- 상상했던 밤 풍경과 자신이 그린 밤 풍경을 비교해보자.
- 그림을 보고 즉흥적으로 떠오르는 노랫말이나 시가 있다면 읊어보자.
- 그림을 그리며 재미있었던 점이나 어려웠던 점, 궁금한 점을 함께 나눠보자.

스크래치 기법

스크래치(scratch) 기법은 밝은 색의 크레파스나 색연필 등으로 바탕에 칠한 다음 그 위에 어두운 색을 덧칠하여 송곳이나 칼끝으로 긁어서 바탕색이 나오게 하는 회화기법이다. 작가의 내면세계를 자유롭게 표현하는 방법 가운데 하나이다.

참고 도서 《괴물들이 사는 나라》《깊은 밤 부엌에서》 모리스 센닥

#스크래치 기법 #한밤중 이야기 #긁어서 표현하기

1-3

하늘나라 그리기

소요 시간 : 80분 필요 인원 : 1~4명

준비물 _ 하늘 사진(8×10), 연필, 지우개, 색연필, A4 용지, A4 라벨지(전지)

생각하기

만일 하늘나라가 있다면 그곳에서 어떤 일이 벌어질지 상상해보자. 하늘의 크기를 상상하며 도화지에 사람을 그린 다음 가위로 오려 내어 하늘을 찍은 사진 위에 붙인다. 사진과 그림의 차이가 어떻게 다른지 느껴보자.

존 버닝햄의《구름나라》그림책을 보고 진행한다. 꼭 이 책이 아니더라도 하늘과 구름 등을 표현한 책이 있다면 함께 읽어보자.

표현하기

❶ 다양한 잡지나 인터넷을 통해 하늘 이미지를 준비한다. 사진은 8×10으로 인화한다.

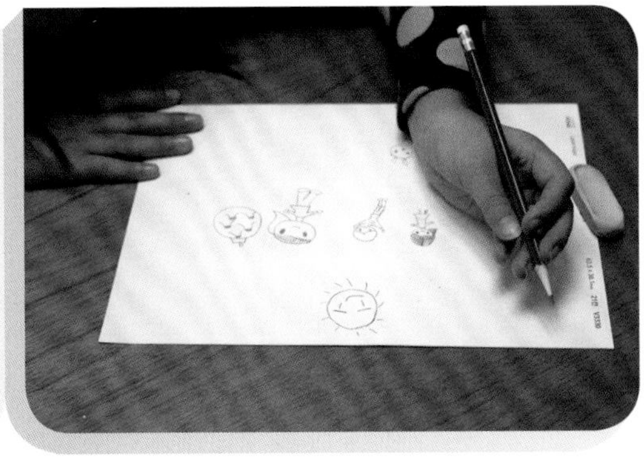

❷ 하늘나라에 있을 이미지들을 생각하며 라벨지에 연필로 다양하게 그린 뒤 색연필로 색칠한다.

❸ 완성한 그림을 가위로 오려 낸다.

❹ 각각의 오린 그림들을 사진에 붙여 하늘나라에서 벌어지는 장면을 만든다.

설명하기

- 하늘나라의 사람들을 라벨지에 그리며 무엇을 느꼈는지 말해보자.
- 종이에 그린 그림을 사진에 붙이는 작업을 하면서 사진과 그림의 차이에 대해 이야기해보자.
- 작품을 만들면서 재미있었던 점이나 어려웠던 점, 궁금한 점을 함께 나눠보자.

콜라주 기법

콜라주(collage)는 화면에 종이나 사진, 신문, 잡지, 천, 나무 조각, 나뭇잎 등 다양한 재료를 붙여서 구성하는 회화 기법이다. 여러 가지 재료를 이용해서 질감이나 모양 등 각각의 특성이 나타나게 재구성하여 작품의 주제를 표현한다.

참고 도서 《구름나라》 존 버닝햄

#하늘나라 그리기 #사진과 그림의 차이점 #콜라주

1-4

잡지 사진 오려 붙여 이야기 만들기

소요 시간 : 80분 필요 인원 : 1~4명

준비물 _ 켄트지, 잡지, 가위, 풀, 사인펜

생각하기

집에 있는 잡지로도 신나는 미술 활동을 할 수 있다. 잡지 사진을 오려 붙여 그림을 구성해보자. 언뜻 안 어울릴 것 같은 장면들 옆에 말풍선을 붙여 조화롭게 만드는 재미있는 작업이다. 그림으로 표현하는 부담을 줄이고 쉽게 작품을 얻을 수 있다. 또한 다양한 이야기를 만들며 아이들의 창의력도 쑥쑥 키울 수 있다.

표현하기

❶ 잡지를 보며 마음에 드는 이미지들을 모두 수집한다.

❷ 스크랩한 자료들 중 이야기로 만들 수 있을 것 같은 이미지들을 가위로 오린다.

❸ 켄트지 위에 오린 이미지들을 이야기가 연결되게 배치한다.

❹ 이미지들을 풀로 붙이고 이미지 옆에 펜으로 말풍선을 그린 뒤에 대사를 적는다.

설명하기

- 어떤 이야기를 만들었는지 전체적으로 설명해보자.
- 이미지들을 배치하고 글을 연결되게 쓰면서 무엇을 느꼈는지 이야기해보자.
- 작품을 만들며 재미있었던 점이나 어려웠던 점, 궁금한 점을 함께 나눠보자.

콜라주 기법

콜라주(collage)는 화면에 종이나 사진, 신문, 잡지, 천, 나무 조각, 나뭇잎 등 다양한 재료를 붙여서 구성하는 회화 기법이다. 여러 가지 재료를 이용해서 질감이나 모양 등 각각의 특성이 나타나게 재구성하여 작품의 주제를 표현한다.

참고 도서 잡지

#잡지로 이야기 만들기 #말풍선 넣기 #콜라주 #잡지 스크랩

1-5

동시와 그림 그리기

소요 시간 : 80분 필요 인원 : 1~4명

준비물 _ 켄트지, A4 용지, 네임펜, 물감, 연필, 지우개 등

생각하기

매일 반복되는 생활에서 무엇을 느끼는지 함께 이야기해보자. 가족, 친구, 나무, 하늘, 학교 등 친숙한 주제에서 하나를 골라 시를 쓰고 그림으로 나타낸 '시화'를 만든다. 그림의 넓은 면 안에 시를 배치하여 그림의 일부가 되게 구성하면 더욱 재미있을 것이다.

권정생 작가의《동시 삼베 치마》를 참고하여 진행한다. 만약 다른 동시집을 가지고 있다면 그 동시집을 보고 진행하면 되고, 없다면 직접 동시를 짓고 그림을 그려보자.

표현하기

❶ 일상의 주변 풍경이나 가족 및 친구들에 대하여 생각하며 그 중에 주제를 정해 시를 쓴다.

❷ 켄트지에 글과 그림을 어떻게 배치할지 생각하며 시를 쓰고 그에 어울리는 그림을 연필로 그린다.

❸ 연필선 위에 네임펜으로 그리고 나서 연필선은 지우개로 지운다.

❹ 원하는 채색재료를 선택해 색칠한다. 부족한 부분은 없는지 확인하며 작품을 마무리한다.

설명하기

- 자신이 고른 동시를 감정을 살려 낭독해보자. 이 동시를 선택한 이유도 말해보자.
- 그림으로만 표현했을 때와 글과 그림을 함께 나타낸 것의 차이점에 대해 이야기해보자.
- 그림을 그리며 재미있었던 점이나 어려웠던 점, 궁금한 점을 함께 나눠보자.

시화 그리기

아이가 주제를 정하고 그림을 그릴 때 여백이 있다면 그 안에 시를 쓰거나 주제와 어울리는 글을 적을 수 있도록 한다. 글과 그림을 각각 다르게 생각하지 않고 서로 섞이게 배치하면 그림이 시의 프레임(틀)처럼 어울리게 만들 수 있을 것이다.

참고 도서 《동시 삼베 치마》 권정생

#시화 만들기 #동시와 그림 #일상 그리기 #권정생의 동시 삼베 치마

1-6

동물의 털 그리기

소요 시간 : 80분 필요 인원 : 1~4명

준비물 _ 켄트지, 연필, 지우개, 크레파스, 동물 사진(인터넷 자료 포함)

생각하기

동물마다 모두 다른 느낌의 털을 가지고 있다. 아이가 어떤 동물을 좋아하는지 함께 이야기한 다음 관련 그림책을 찾아 읽어보자. 동물의 질감 표현을 잘 나타낸 책이면 무엇이든 좋다. 만약 찾기 어렵다면 앤서니 브라운의 《고릴라》 그림책을 추천한다. 이 책에서 동물 털을 묘사한 것을 잘 관찰해보자.

그림책을 당장 구하기 어렵다면 좋아하는 동물을 선택해 인터넷을 통해 자료를 살펴보고 그 동물만의 특징을 함께 이야기해보자.

표현 하기

① 종이에 동물을 어느 정도의 크기로 그릴지 생각한다. 동물의 크기를 세분화시켜 그리면서 모양을 구체화한다.

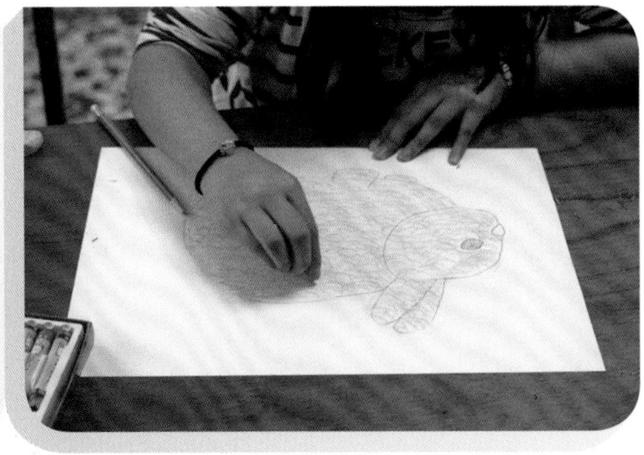

② 동물의 스케치를 완성하고 나서 크레파스를 눕혀 넓은 면으로 색칠한다.

③ 부드러운 털을 강조하려면 크레파스를 세워 한 방향으로 덧칠하듯이 그린다.

④ 어두운 부분은 짙은 색으로 덧칠한다. 눈, 코, 입 등 특징적인 부분을 다듬으며 그림을 완성한다.

설명 하기

- 좋아하는 동물의 촉감을 느낄 수 있게 그림을 그린 소감을 말해보자.
- 동물의 털을 크레파스를 이용해 나타낸 느낌에 대해 이야기해보자.
- 그림을 그리며 재미있었던 점이나 어려웠던 점, 궁금한 점을 함께 나눠보자.

그림의 질감

그림을 그릴 때 질감을 잘 포착하면 단순히 색과 형태로만 표현했을 때보다 대상의 느낌을 훨씬 풍부하고 구체적으로 전달할 수 있다. 또한 그림을 그릴 때 사용하는 재료들의 재질감이나 재료가 만들어 내는 촉각적 효과도 '질감'이라는 용어를 사용한다.

참고 도서 《고릴라》 《돼지책》 앤서니 브라운

동물의 털 그리기 # 질감표현 # 크레파스 사용법

1-7

나만의 상상 친구 그리기

소요 시간 : 80분　필요 인원 : 1~4명

준비물 _ 켄트지, 사인펜, 색연필, 연필, 크레파스, 물감, 물통, 팔레트, 붓, 휴지

생각하기

현실과 상상의 세계를 넘나드는 이야기가 있는 재미있는 그림책을 읽고 나서 아이의 상상 친구를 그려보자! 아이에게 상상 친구가 있다면 그대로 진행한다. 만약 상상 친구가 없다면 평소 가지고 놀던 인형이나 좋아하는 캐릭터를 보고 새롭게 만들어보자.

존 버닝햄의 《알도》 그림책을 보고 진행한다. 상상 친구와 함께 언제, 어디서, 무엇을 하고 싶은지 생각하며 함께 이야기해보자.

표현하기

❶ 책을 함께 읽고 상상 친구에 대해 이야기하는 시간을 갖는다.

❷ 켄트지에 설명을 바탕으로 상상 친구와 자신을 연필로 스케치한다. 혹은 상상 친구만 그려도 좋다.

❸ 그림의 내용이 부족하게 느껴질 경우 관련된 이야기를 나누며 그림을 채운다.

❹ 원하는 채색재료를 선택하여 색칠한다. 칠하는 중간중간 확인하며 그림을 마무리한다.

설명하기

- 상상 친구의 이름을 지어보자.
- 머릿속으로 생각만 하던 친구를 직접 그려서 만난 소감에 대해 이야기해보자.
- 그림을 그리며 재미있었던 점이나 어려웠던 점, 궁금한 점을 함께 나눠보자.

상상 친구

그림책에서 상상의 캐릭터가 주인공이 되는 사례는 종종 찾아볼 수 있다. 현실에서 못다 한 이야기들을 나누고 정서적인 공감과 위로를 주고받을 수 있는 존재가 아이들에겐 상상 친구일 것이다. 아이가 전하고 싶은 세계와 소소한 이야기를 상상 친구를 통해 나눌 수 있다면 좋을 것 같다.

참고 도서 《알도》《내 친구 커트니》 존 버닝햄

#상상 친구 그리기 #상상의 세계 #나만의 베프

1-8

그림책을 보고 마블링으로 표현하기

소요 시간 : 80분 필요 인원 : 1~4명

준비물 _ 켄트지, 연필, 네임펜, 마블링 물감, 세숫대야, 나무젓가락, 다용도 비닐 깔개(신문지)

생각하기

마블링 기법으로 표현된 그림책을 찾아보고 따라 그려보자. 표현 기법도 배울 수 있고 더 나아가 스토리텔링도 가능하다. 책에 대해 이야기를 나누고 나서 관련된 이미지 자료를 책이나 인터넷으로 찾아보자. 만약 작가라면 주인공을 어떻게 표현할지 생각해보고 작업하자.

이번 작업은 이수지 작가의《파도야 놀자》를 예시로 진행하려고 한다. 주인공이 바닷가에서 파도의 변화를 보고 무엇을 느끼는지 아이와 함께 이야기를 나눠보자. 그림을 그리기 전에 인터넷에서 '파도' 동영상을 찾아보고, 눈을 감고도 파도 소리를 듣고 느껴보자.

표현하기

❶ 종이 아래쪽에 바다를 그린다. 바다 하면 생각나는 것들을 떠올리며 다양한 소재로 바다를 표현한다.

❷ 스케치를 완성한 뒤에 물에 번지지 않는 네임펜으로 완성선을 그리고 연필 선은 지우개로 지운다.

❸ 세숫대야에 물을 반 정도 담고 물 위에 마블링 물감을 몇 방울 떨어뜨려 나무젓가락으로 저어주거나 빨대로 불어 무늬를 만든다.

❹ 바닷물을 표현할 부분까지만 종이를 물에 담갔다 뺀 다음 평평한 곳에 그림을 잘 말린다.

설명하기

- 그림책을 읽고 나서 그린 그림에 대해 이야기해보자.
- 마블링 기법을 이용해 만든 작품을 바라보며 그 느낌을 말해보자.
- 그림을 그리며 재미있었던 점이나 어려웠던 점, 궁금한 점을 함께 나눠보자.

마블링 기법

마블링(marbling)은 물과 기름이 서로 섞이지 않는 성질을 이용해 우연의 무늬를 만드는 것이다. 물 위에 마블링 유성 물감을 떨어뜨린 뒤, 물 위로 종이를 덮거나 물속에 넣었다 빼면서 물감이 묻어나면 대리석 같은 다양한 무늬가 생긴다. 할 때마다 모양이 다르게 만들어져 아이들의 상상력 향상에 도움을 준다.

참고 도서 《파도야 놀자》 이수지

마블링 기법 # 그림책을 읽고 # 마블링으로 바다 그리기

1-9

단어 수집책 그리기

소요 시간 : 80분 필요 인원 : 1~4명

준비물 _ 켄트지, A4 용지, 연필, 색연필, 사인펜, 지우개

생각하기

평상시 읽던 책에서 좋아하는 단어를 수집해보자. 그 단어들 가운데 몇 개를 선택해서 그림을 그리거나 이야기를 만들어 자신만의 단어 수집책을 만든다.

이 작업을 통해서 아이들은 평소에 자기가 좋아하는 책의 내용과 별개로 어떤 단어에 관심을 두고 있는지 알 수 있다. 여러 명이 같은 책을 읽고 진행해도 모두 다른 단어 수집책을 만드는 걸 보는 재미도 있다.

표현하기

❶ 책을 읽고 나서 A4 용지에 좋아하는 단어를 골라 적는다.

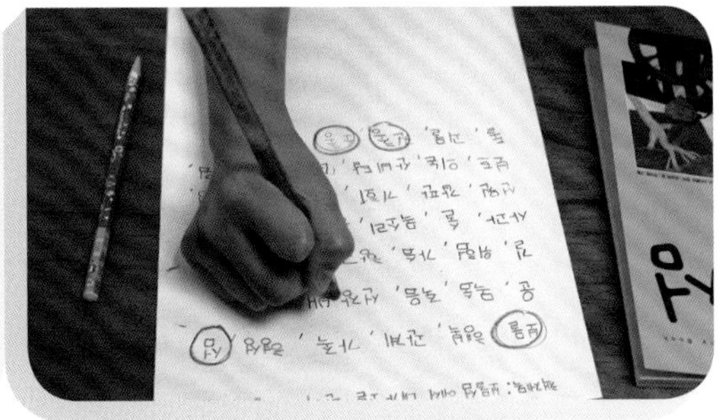

❷ 그림으로 표현할 단어 6개를 선택하고 단어와 어울리는 제목도 생각해 적는다.

❸ 켄트지를 접어 8쪽 분량의 미니책을 만든다.* 선택한 단어를 그림으로 그린다. 각 단어를 넣은 문장을 연결해 이야기를 만들어도 좋다.

❹ 본문을 완성하면 표지를 디자인한다. 앞표지와 뒤표지가 연결되게 표현한다. 앞표지에는 제목과 아이 이름(작가명)을 적어 완성한다.

설명하기

- 책에서 좋아하는 단어를 수집하며 무엇을 느꼈는지 이야기해보자.
- 그림을 그리며 재미있었던 점이나 어려웠던 점, 궁금한 점을 함께 나눠보자.

*8쪽 미니책 만드는 방법

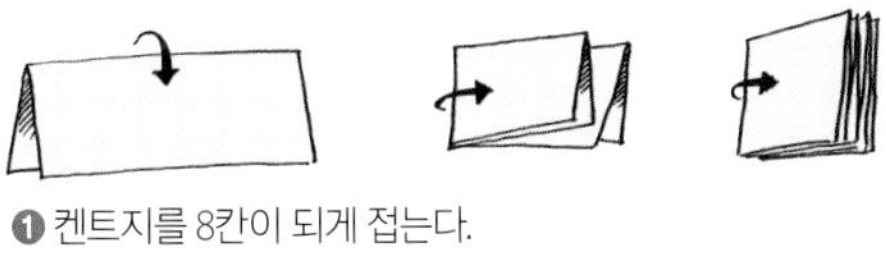

❶ 켄트지를 8칸이 되게 접는다.

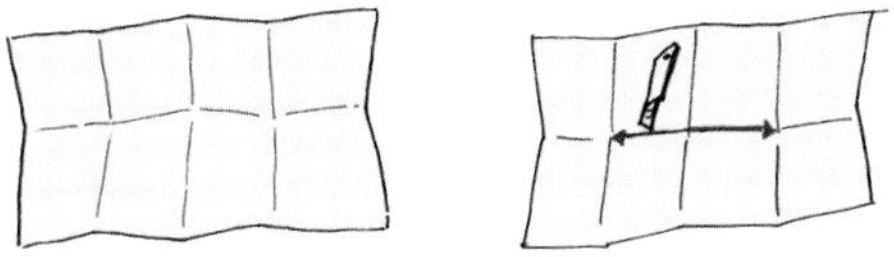

❷ 접힌 부분의 가운데 두 칸만 칼로 자른다.

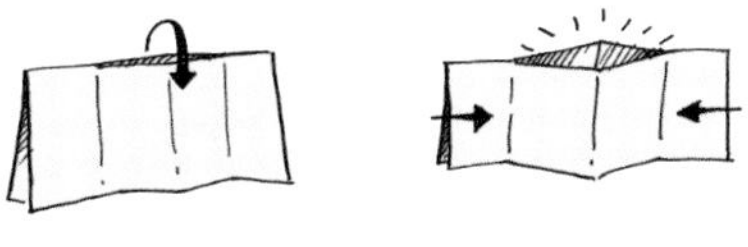

❸ 종이를 반으로 접고 나서 양끝을 잡고 안으로 밀어 자른 부분이 벌어지게 한다.

❹ 위에서 볼 때 십자(+) 모양으로 만든 뒤에 종이를 모두 한쪽으로 접어 완성한다.

참고 도서 《기차 ㄱㄴㄷ》 박은영, 《생각하는 Thinking ABC》 이보나 흐미엘레프스카

#단어 수집책 #좋아하는 단어 수집 #단어 그리기

1 그림책을 보고 표현하자

1-1 콜라주로 동물의 질감 나타내기

배주완 작품

장윤서 작품

TIP

몸의 각 부위별로 오려 내기 어렵다면 전체를 잘라 내는 것도 좋다.

1-2 한밤중 이야기를 긁어서 그리기

성지우 작품

장윤서 작품

TIP

시중에서 구할 수 있는 스크래치 보드를 이용해 작업해보자.

1-3 하늘나라 그리기

이은영 작품

장윤서 작품

TIP

다양한 매체를 통해 풍경 사진을 구하여 진행해보자.

1-4 잡지 사진 오려 붙여 이야기 만들기

박윤 작품

장윤서 작품

TIP
잡지 사진으로 얼굴 혹은 동물 만들기 등 다양한 주제를 표현해보자.

1-5 동시와 그림 그리기

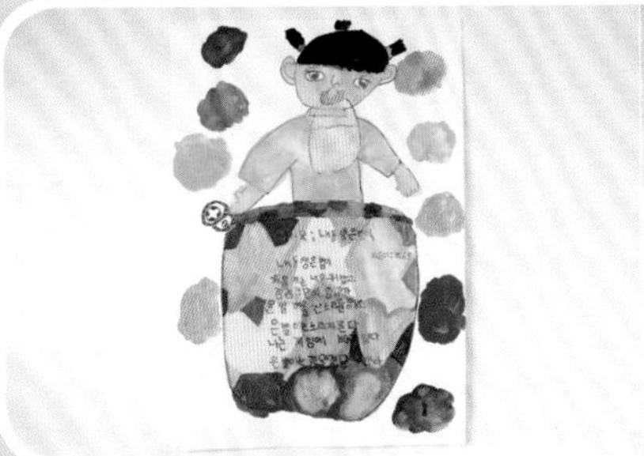
박은성 작품

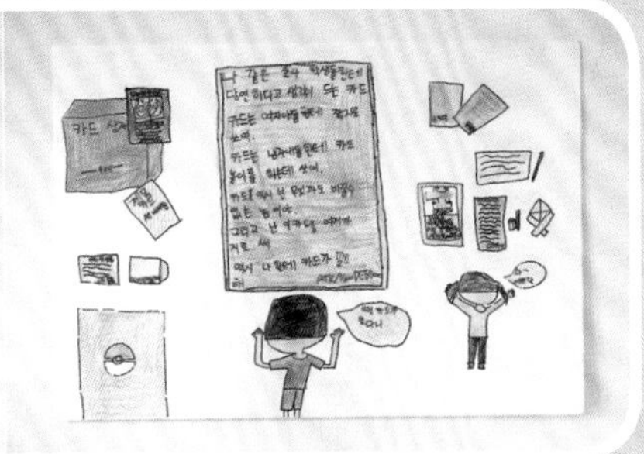
배재원 작품

TIP
책에서 본 동시나 이야기에서 인상 깊었던 장면을 주제로 그림을 그리고 이야기를 적어보자.

1-6 동물의 털 그리기

오시우 작품

장윤서 작품

TIP
상상의 동물을 그리고 나서 피부와 털을 실감나게 표현해보자.

1-7 나만의 상상 친구 그리기

박서윤 작품

이시윤 작품

TIP
그림으로 그린 상상 친구를 지점토 반죽을 이용해 입체적으로 표현해보자.

1-8 그림책을 보고 마블링으로 표현하기

김연서 작품

박서윤 작품

이시윤 작품

안예빈 작품

TIP

그림을 그리지 않은 켄트지를 마블링 물감을 떨어뜨린 세숫대야에 담갔다 뺀다. 이렇게 얻은 종이를 색지로 사용해도 좋다.

1-9 단어 수집책 그리기

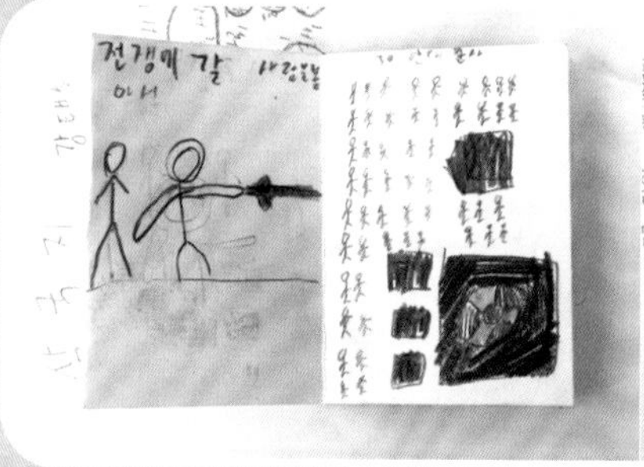

강태승 작품

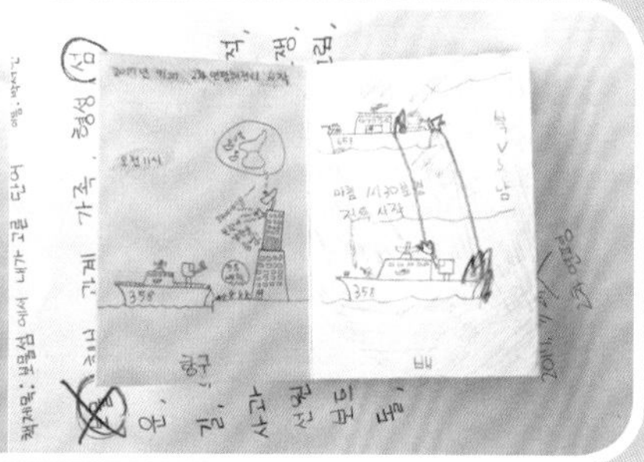

박서인 작품

이승준 작품

이승민 작품

TIP

어떤 작품이나 책 혹은 음악 등을 감상하며 자신이 좋아하는 것이 무엇인지 찾다보면 자신의 관심사를 알 수 있다.

교과서 연계

모든 부모의 걱정거리 가운데 하나가 바로 우리 아이 교육 문제일 것입니다. 처음에는 내 아이와 아이의 친구들을 위해 미술 수업을 시작했는데, 이렇게 책을 만들며 교과서를 찾다 보니 모든 파트가 교과서와 연계되는 부분을 발견할 수 있었습니다. 동아출판과 천재교과서를 참고하여 보았고, 다음과 같이 연계된 부분을 정리하였으니 참고하셔도 좋을 것입니다.

1. 그림책을 보고 표현하자

초등학교에서는 3학년부터 미술을 배웁니다. 3학년에서 6학년에 걸쳐 연계되는 교육 목표 가운데 하나가 바로 '상상하여 표현하기'랍니다. 아이들의 상상력을 자극하여 창의적으로 표현하기에는 그림책만큼 좋은 건 없다고 생각합니다. 다양한 기법을 활용한 그림책을 많이 읽기를 바랍니다. 찾기 어렵다면 추천 도서를 각 장의 하단에 적어두었으니 참고하면 좋겠습니다.
또한 파트1에서는 여러 기법을 활용해 작품을 만들었습니다. 각 장마다 기법에 대한 설명을 간략하게 설명하였으나, 아이와 함께 관련 기법에 관해 인터넷이나 책을 통해 좀 더 찾아보고 다른 방법으로도 진행하면 좋겠습니다.

1-1 콜라주로 동물의 질감 나타내기

3학년 1학기 새롭게 관찰하기(기초) 5 자연은 내 친구
5학년 1학기 03 상상의 세계로(심화) 새로운 표현 방법으로

1-2 한밤중 이야기를 긁어서 그리기

3학년 2학기 내 마음 이야기(심화) 8 작품 속 이야기
3학년 2학기 상상의 세계(기초) 9 상상의 세계 표현하기
5학년 1학기 03 상상의 세계로(심화) 새로운 표현 방법으로

1-3 하늘나라 그리기

3학년 1학기 새롭게 관찰하기(심화) 6 다르게 보기
3학년 2학기 내 마음 이야기(심화) 8 작품 속 이야기
3학년 2학기 상상의 세계(기초) 9 상상의 세계 표현하기
6학년 2학기 10 새로운 표현의 나라로(기초) 찰칵찰칵 사진 작가가 되어 볼까요

1-4 잡지 사진 오려 붙여 이야기 만들기

3학년 2학기 상상의 세계(기초) 9 상상의 세계 표현하기
5학년 1학기 03 상상의 세계로(심화) 새로운 표현 방법으로
6학년 2학기 10 새로운 표현의 나라로(기초) 찰칵찰칵 사진 작가가 되어 볼까요

1-5 동시와 그림 그리기

5학년 1학기 01 미술로 만나는 새로운 세계(기초) 새로운 발견의 시작
6학년 2학기 11 쓰임이 있는 미술(기초) 전달할 내용을 효과적으로 디자인해요

1-6 동물의 털 그리기

3학년 1학기 새롭게 관찰하기(기초) 5 자연은 내 친구
5학년 1학기 01 미술로 만나는 새로운 세계(기초) 새로운 발견의 시작

1-7 나만의 상상 친구 그리기

3학년 2학기 내 마음 이야기(심화) 8 작품 속 이야기
3학년 2학기 상상의 세계(기초) 9 상상의 세계 표현하기
5학년 1학기 03 상상의 세계로(기초) 즐거운 상상 놀이

1-8 그림책을 보고 마블링으로 표현하기

3학년 2학기 내 마음 이야기(심화) 8 작품 속 이야기
3학년 2학기 상상의 세계(기초) 9 상상의 세계 표현하기
5학년 1학기 03 상상의 세계로(심화) 새로운 표현 방법으로

1-9 단어 수집책 그리기

5학년 1학기 01 미술로 만나는 새로운 세계(기초) 나에 대한 느낌과 생각
6학년 2학기 09 소통의 세계로(심화) 말하지 않아도 알 수 있어요.

2 영화를 보고 표현하자

아주 잘 그린 그림 혹은 유명한 그림을 흔히 '명화'라고 합니다. 아이들과 함께 명화를 많이 보고 이야기하는 것을 추천합니다. 명화에는 지금과는 다를 수도 있는 당시의 생활 모습이 담겨있기도 하고 유행하던 미술 형식이 보이기도 합니다. 그림에선 붓의 질감을 통해 작가의 작업 속도를 상상할 수도 있고 무엇보다 작가의 삶과 생각 그리고 행위와 시선을 느낄 수 있습니다.

따라서 작품을 시작으로 작가가 어떤 인생을 살았는지 더 관심을 두고 찾아보길 바랍니다. 작가의 시대적 환경과 사연을 이해하다 보면 그림을 감상하는 데에도 도움이 될 것입니다. 갑자기 아이가 그림을 보며 궁금증을 갖는다고 해도 꼭 부모가 답을 주지 않아도 됩니다. 그 궁금증이 훗날 살다가 문득 다시 돌아와 자연스럽게 답을 주는 경험 또한 예술에서 느낄 수 있는 아름다움이라고 생각합니다. 그리고 좋은 방향의 호기심을 불러일으키는 계기도 될 것입니다.

미술관을 찾아가기 어렵거나 화집이 없다면 인터넷으로 많은 작품들을 만나 볼 수 있으니 마음에 드는 그림을 자주 검색하길 바랍니다. 좋아하는 그림이 있다면 여러 가지 방법으로 수집하는 것도 추천합니다. 화가들의 작품들을 엽서나 사진으로 모으거나, 컴퓨터 폴더에 마음에 드는 이미지를 다양하게 수집하다 보면 아이의 취향과 그림의 변화도 파악할 수 있습니다.

그림을 살펴봤으면 작가들의 표현 기법을 따라 하며 그려보는 것도 재미있을 것입니다. 아이들은 명화를 남긴 화가들의 표현들을 따라 그리면서, 평소 자기가 쓰던 선이나 색과 다른 느낌을 받을 수 있으므로 새로운 경험을 할 수 있습니다.

자, 이제 명화를 감상하고 작가가 되어볼까요!

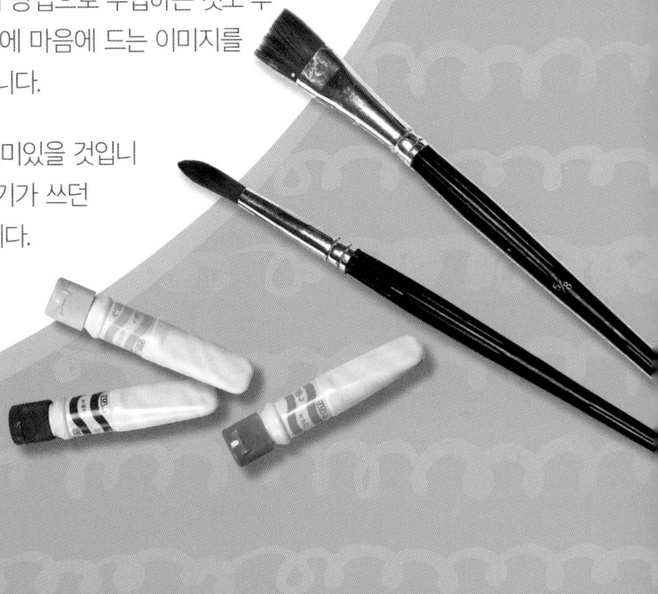

2-1

입체를 펼쳐 그리기

소요 시간 : 80분　필요 인원 : 1~4명

"모든 어린이는 예술가이다. 문제는 어떻게 하면 이들이 커서도 예술가로 남을 수 있게 하느냐 이다."
- 파블로 피카소 -

준비물 _ 8절 켄트지, 연필, 지우개, 네임펜, 수채화 물감, 물통, 팔레트, 붓, 휴지

생각하기

파블로 피카소의 작품을 인터넷이나 책을 통해 감상한다. 작품들을 바라보며 입체파 그림의 특징도 함께 살펴보자.

우리는 3차원의 세계에 살고 있다. 하지만 그림은 입체인 사람을 평면인 2차원 종이에 그리는 것이다. 피카소처럼 사람의 앞모습과 옆모습을 함께 나타내도록 그림을 그려보자.

표현하기

❶ 켄트지를 세로로 놓고 왼쪽에 정면 얼굴 반쪽과 오른쪽에 측면 얼굴 반쪽을 그린다.

❷ 연필로 그린 선 위에 네임펜으로 따라 그려 면을 명확하게 분할한다.

❸ 네임펜으로 선 정리를 마쳤다면 채색을 시작한다. 이때 밝은색부터 칠하도록 한다.

❹ 얼굴 채색이 끝나면 배경을 칠한다. 배경은 비슷한 색이나 반대 색깔로 표현한다.

설명하기

- 3차원의 사람을 평면인 2차원 종이에 그릴 때 무엇을 느꼈는지 이야기해보자.
- 그림을 전체적으로 바라보며 정면과 측면을 함께 표현한 것에 대해 어떻게 생각하는지 말해보자.
- 그림을 그리며 재미있었던 점이나 어려웠던 점, 궁금한 점을 함께 나눠보자.

파블로 피카소(Pablo Ruiz y Picasso 1881~1973년)

19살 때 파리에서 힘든 생활을 하며 가난한 사람들의 힘겨운 삶과 고독을 주로 청색으로 그렸다. 초기 청색시대를 거쳐 입체주의 미술 양식을 창조하였고, 대상의 모습을 여러 조각으로 나누어 붙인 퍼즐 같은 작품들을 남기며 20세기 최고의 거장이 되었다.

입체를 펼쳐 그리기 # 정면 측면 같이 그리기 # 파블로 피카소

2-2

그림을 면으로 표현하기

소요 시간 : 80분 필요 인원 : 1~4명

"그림이란 비례와 균형 이외의 다른 아무것도 아니다." - 피에트 몬드리안 -

준비물 _ 켄트지 혹은 색지, 원형 스티커, 가위, 풀, 연필, 지우개, 색종이

생각하기

사물을 있는 그대로 그리는 것이 아니라 순수한 점 · 선 · 면 · 색채에 의한 표현을 목표로 한 그림을 '추상미술'이라 한다.

간딘스키와 더불어 추상회화의 선구자라 불리는 피에트 몬드리안의 작품을 인터넷이나 책을 통해 찾아보자. 먼저 대상을 그리고 나서 사각형의 면으로 재구성하며 점진적으로 추상으로 도달하는 과정을 경험해보자. 어렵게만 느껴지던 추상화를 새롭게 바라볼 수 있는 시간이 될 것이다.

표현하기

❶ 좋아하는 사물이나 대상을 선택해 자유롭게 그린다.

❷ 그림을 선으로 단순화시켜 사각형의 면으로 재구성하여 그린다.

❸ 세 가지 색의 색종이를 골라 그림과 같은 크기로 오려 낸다.

❹ 그림 위에 오려 낸 색종이를 붙여 작품을 완성한다.

설명하기

- 피에트 몬드리안의 작품을 찾아보며 무엇을 느꼈는지 말해보자.
- 사물을 있는 그대로 그림을 그릴 때와 점·선·면으로 단순하게 표현했을 때의 차이에 대해 이야기해보자.
- 작품을 만들며 재미있었던 점이나 어려웠던 점, 궁금한 점을 함께 나눠보자.

피에트 몬드리안(Pieter Cornelis Mondriaan 1872~1944년)

몬드리안의 작품은 수학적 원리를 바탕으로 한다. 직각으로 교차되는 선과 흰색, 검은색, 회색의 무채색에 대립되는 빨강, 파랑, 노랑의 삼원색을 농도와 명도가 일정하게 채색하여 이를 나타냈다. 특히 흰색 배경에 검은색의 선을 수직과 수평으로 그려 넣은 매우 급진적인 추상 작품이 유명하다.

#그림을 면으로 표현하기 #추상미술 #피에트 몬드리안

2-3

상상의 세계 그리기

소요 시간 : 80분 필요 인원 : 1~4명

"예술은 보이는 것을 재현하는 것이 아니라 보이게 하는 것이다." - 파울 클레 -

준비물 _ 8절 켄트지, A4 용지, 연필 ,지우개, 수채화 물감, 물통, 팔레트, 붓, 휴지

생각하기

어린이의 낙서처럼 순수한 동심이 엿보이는 파울 클레의 작품들은 대담한 색채와 선으로 무언가를 보이기 위한 그림을 그렸다고 할 수 있다. 이점을 주의하여 아이들에게 보이는 것이 아닌 그릴 대상을 보고 느끼는 그대로 그리도록 한다. 집, 학교, 나무, 새, 친구, 가족 등 평범하면서도 익숙한 단어들 가운데 긍정적으로 느껴지는 것을 선택해 그림을 그려보자.

표현하기

❶ A4 용지에 무엇을 그릴 것인지 생각한 것들을 그린다.

❷ 가장 마음에 드는 대상을 하나 선택하여 켄트지에 떠옮겨 크게 그린다.

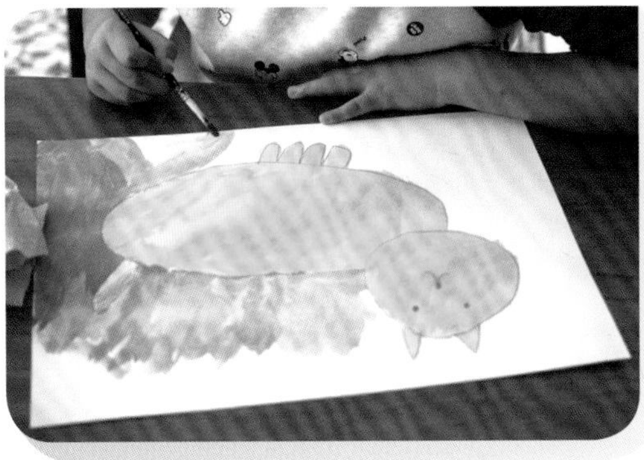

❸ 수채화 물감으로 채색한다. 단순한 형태를 깊이 있게 다뤄보는 만큼 천천히 정성껏 칠한다.

❹ 채색을 완성하면 멀리 떨어져 부족한 부분이 없는지 확인하며 마무리한다. 제목도 함께 정한다.

설명하기

- 일상의 주제를 단순하게 표현하며 느낀 점을 이야기해보자.
- 보이는 것과 보이기 위한 그림의 차이에 대해 말해보자.
- 그림을 그리며 재미있었던 점이나 어려웠던 점, 궁금한 점을 함께 나눠보자.

파울 클레(Paul Klee 1879~1940년)

파울 클레는 각 시기마다 다양한 화풍을 보여주었다. 특히 말기에는 아동화 같은 단순한 기호를 이용한 작품들을 많이 그렸다. 또한 그는 그만의 색채에 대한 순수한 이해와 개념을 가졌는데, 이를 바탕으로 정신적・심리적인 것을 표현하는 추상화를 많이 남겼다.

#상상의 세계 그리기 #보이기 위한 그림 #파울 클레

2-4

음악을 그림으로 표현하기

소요 시간 : 80분 필요 인원 : 1~4명

"색은 영혼에 떨림을 줌으로써, 영혼에 직접적으로 영향을 미치는 힘이다." - 바실리 칸딘스키 -

준비물 _ 수채화지(300g), 수채화 물감, 물통, 팔레트, 붓, 휴지, 음악

생각하기

바실리 칸딘스키의 작품을 인터넷이나 책을 통해 찾아보자. 음악을 감상하며 칸딘스키처럼 추상적으로 형태나 점·선·면을 이용해 그림을 그린다.

이 작업은 청각적인 경험을 시각적으로 나타내는 것으로 새로운 그림 표현 방식을 경험할 수 있다. 그림을 그리는 다양한 방법들 가운데 수채화로 작업하며 더욱 자유롭게 표현할 수 있도록 하자.

❶ 음악을 감상하며 짧게 끊어지는 음, 길게 연결되는 음, 높은음, 낮은음, 화음 등을 느끼며 소리를 따라가며 그린다.

❷ 스케치 없이 바로 옅은 색의 수채화 물감을 사용하여 붓으로 그림을 그린다.

❸ 색의 퍼짐 정도를 확인하고 조절한다. 강조할 부분은 같은 색을 여러 번 칠하거나 좀 더 짙은 색으로 덧칠한다.

- 칸딘스키의 작품을 찾아보며 무엇을 느꼈는지 말해보자.
- 음악을 감상하며 느낀 감정을 종이에 그리는 것과 일반적으로 그림을 그릴 때 무엇이 다른지 이야기해보자.
- 그림을 그리며 재미있었던 점이나 어려웠던 점, 궁금한 점을 함께 나눠보자.

바실리 칸딘스키(Wassily Kandinsky 1866~1944년)

칸딘스키는 일반적인 묘사에서 벗어나 대상과 관계없이 모양과 색채, 선들 속에서 표현 가능성의 확장을 발견했다. 색채와 선, 면 등 순수한 조형 요소만으로도 감동을 줄 수 있으며, 형태와 색채로 사물의 겉모습을 표현하기보다 작가의 감정을 나타내는 추상적인 작품을 만들었다.

#음악을 그림으로 표현하기 #추상미술 #바실리 칸딘스키

2-5

식물의 일부분만 크게 그리기

소요 시간 : 80분 필요 인원 : 1~4명

"나는 그저 내가 본 것을 그리고 싶었을 뿐이다." - 조지아 오키프 -

준비물 _ 4절 켄트지, 파스텔, 연필, 지우개, 생화 혹은 집에 있는 식물

생각하기

조지아 오키프의 작품들을 인터넷이나 책을 통해 살펴보자. 그의 작품은 대상의 일부분만을 크게 확대해 표현했으며, 그 안에 섬세한 색감까지 잘 담았다.

집에서 키우는 식물이나 장미, 해바라기, 백합 등 꽃봉오리가 적당히 크고 관찰하기 쉬운 식물을 준비한다. 식물을 관찰하며 마음에 드는 부분을 크게 확대해서 그려보자. 익숙한 시각에서 벗어나 새로운 시선으로 관찰하다 보면 창의력을 향상시킬 수 있다.

표현
하기

❶ 준비한 식물을 자세히 관찰한다. 어떤 부분을 확대하여 그릴 것인지 생각한다.

❷ 종이에 식물의 전체 크기를 어림잡아 스케치한다. 일부분을 그리다 보면 작게 표현할 수 있기 때문이다.

❸ 스케치를 마치면 파스텔로 칠한다. 부드러운 표현은 파스텔의 넓은 면을, 선이나 경계의 부분은 파스텔을 세워 표현한다.

❹ 종이 가득 식물의 부분 표현이 잘됐는지 확인하며 채색하여 완성한다. 빈 공간이 없도록 칠한다.

설명
하기

- 식물을 확대하여 관찰하면서 느낀 점을 이야기해보자.
- 다른 사물들을 바라볼 때도 다양한 시각으로 볼 수 있도록 노력하자.
- 그림을 그리며 재미있었던 점이나 어려웠던 점, 궁금한 점을 함께 나눠보자.

조지아 오키프(Georgia O' Keeffe 1887~1986년)

조지아 오키프는 주로 두개골, 짐승의 뼈, 꽃, 식물의 기관, 조개껍데기, 산 등의 자연을 확대해서 그렸다. 특히 꽃의 일부분을 확대하여 그린 작품들 때문에 '꽃의 화가'로도 불린다. 그녀는 자신이 느끼고 본 것을 내면화해 자기 방식대로 그림을 그렸다. 그 그림들은 당시 유행하던 그림들과는 다른 그녀만의 독창적인 그림이었다.

#식물 일부분만 크게 그리기 #확대 그리기 #조지아 오키프

2-6

색종이로 그리기

소요 시간 : 80분 필요 인원 : 1~4명

"내가 꿈꾸는 것은 바로 균형의 예술이다." - 앙리 마티스 -

준비물 _ 켄트지, 색종이, 가위, 풀 , 연필

생각하기

앙리 마티스의 작품을 인터넷이나 책을 통해 살펴보자. 특히 그의 생애 마지막에 작업한 작품들 가운데 가위로 종이를 잘라 내어 만든 그림들을 찾아본다.

가위로 오린 종이로 표현하면 선으로 그린 그림과 다른 아름다움을 느낄 수 있다. 색종이를 오려 붙여 그림을 만들자. 바닷속 풍경과 꽃밭 풍경 중 하나를 선택하여 표현해보자.

표현하기

❶ 켄트지에 4×2 배열로 파란색 계열 색종이를 교차하며 붙여 바닷속 풍경을 만든다.

❷ 바닷속 풍경에 어울릴만한 것들을 흰색 종이를 이용해 표현한다.

❸ 오려 낸 종이를 배경 종이에 다양하게 배치하며 바닷속 모습을 구성한다.

❹ 배치한 것이 마음에 들면 종이 뒷면에 풀을 칠해 붙인다. 네임펜으로 사인을 하고 작품을 완성한다.

설명하기

- 앙리 마티스의 작품을 찾아보며 무엇을 느꼈는지 말해보자.
- 그림을 그릴 때와 색종이로 작품을 만들 때의 차이에 대해 이야기해보자.
- 작품을 만들며 재미있었던 점이나 어려웠던 점, 궁금한 점을 함께 나눠보자.

앙리 마티스(Henri Matisse 1869~1954년)

마티스는 강렬하고 대담한 원색을 강조한 개성적인 표현을 하며 야수파 운동을 일으켰다. 노년기에 접어들면서 관절염으로 붓을 들기 어려워져 대신 가위로 색종이를 잘라 조합하여 그림을 만드는 작업을 했다.

색종이로 그리기 # 야수파 # 앙리 마티스

2-7

색 팔레트 만들기

소요 시간 : 80분 필요 인원 : 1~4명

'오렌지색 물감은 몇 종류일까?' - 박미나 -

준비물 _ 켄트지, 사인펜, 연필, 지우개

생각하기

우리가 사물을 바라볼 때 눈으로만 느끼는 것이 아니라 다른 여러 감각 기관을 통해 그 대상을 깨닫는 것이다. 무엇을 본다는 것은 시각과 빛, 그리고 어떤 대상이 필요하다. 다양한 물건의 색을 수집하여 색 팔레트를 만들어 보자. 각각의 물건들의 색을 관찰하고 수집하여 이름을 기록한다. 새로운 시선으로 주위의 사물들의 색을 관찰하며 직접 색을 보고 느끼는 것과 단어로 대상을 인식하는 것의 차이를 느껴보자.

표현하기

❶ 장난감, 학용품, 식물, 옷 등 좋아하는 사물을 고른다. 혹은 하나의 주제를 정해서 물건을 수집해도 좋다.

❷ 물건을 보고 사인펜에서 비슷한 색을 골라 켄트지에 기록한다.

❸ 사인펜으로 채색한 아래에 연필로 물건의 이름을 적는다. 대상의 이름 그대로 적거나 새롭게 지어도 좋다.

❹ 다양한 색을 수집했으면 물건들의 이름을 보면서 연상되는 제목을 적어 자신만의 색 팔레트를 완성한다.

설명하기

- 수집한 물건들의 색깔들을 보고 무엇을 느꼈는지 이야기해보자.
- 어떤 대상을 보기만 했을 때와 색을 수집하고 나서 달라진 점이 있다면 말해보자.
- 색을 수집하며 재미있었던 점이나 어려웠던 점, 궁금한 점을 함께 나눠보자.

박미나(1973년~현재)

박미나는 컴퓨터 자판을 누르면 그에 해당하는 기호나 그림 이미지가 뜨는 '딩뱃(dingbat)' 프로그램을 활용하여 폰트 이미지들을 재구성한 것으로 유명하다. 또한 그녀의 작품에는 각종 정보를 수집하고 기록하는 과정을 통해 사실에 근거한 객관적인 내용을 담고 있다.

#색팔레트 만들기 #색깔 수집 #박미나

2-8

스티커로 점묘하기

소요 시간 : 80분 필요 인원 : 1~4명

"내가 살아온 인생이 내 최고의 걸작이다." - 쿠사마 야요이 -

준비물 _ 켄트지 혹은 색지, 노란색 색지, 대·중·소 크기의 검은색 원형 스티커, 가위, 풀, 연필, 지우개

생각하기

스티커를 붙이는 간단하면서도 쉬운 작업만으로 멋있고 근사한 작품을 만들 수 있다. 쿠사마 야요이의 작품을 인터넷이나 책을 통해 찾아보자.

다양한 크기의 원형 스티커를 이용해 쿠사마 야요이의 호박 작품을 한번 따라 해보자. 그림을 그리는 것이 아닌 스티커를 붙여 패턴을 만드는 작업을 통해 하나의 작품을 만드는 경험을 할 수 있다.

표현하기

❶ 노란색 종이에 호박의 크기와 모양을 생각하며 그린다.

❷ 호박을 가위로 오려 낸다. 바탕이 될 색지를 정한 뒤에 오려 낸 호박을 풀로 붙인다.

❸ 호박의 중심선에 큰 원형 스티커를 붙이고 그 위아래로 점점 작은 스티커를 붙인다.

❹ 호박에 스티커를 다 붙였으면 바탕에도 스티커를 붙여 꾸며준다.

설명하기

- 쿠사마 야요이의 작품을 찾아보며 무엇을 느꼈는지 말해보자.
- 호박을 그림으로 그리는 것과 스티커로 패턴을 만들어 표현하는 것의 차이에 대해 이야기해보자.
- 작품을 만들며 재미있었던 점이나 어려웠던 점, 궁금한 점을 함께 나눠보자.

쿠사마 야요이(Kusama Yayoi, 1929년~현재)

야요이 작품의 가장 큰 특징은 일정한 패턴의 반복을 보여주는 것이다. 자신의 정신세계에 대한 관심으로 시작한 그녀의 작업은 미술계에서도 자신만의 세계를 확실히 구축하였다. 또한 그녀의 작품은 보는 사람으로 하여금 다양한 해석을 하게 만든다.

#스티커로 점묘하기 #호박 작품만 들기 #쿠사마 야요이

2-9

일상에서 그림과 사진으로 상상하기

"'환상'은 보다 창의적인 작품 세계로 나를 안내하는 역할을 하며, '상상력'은 나의 작업에 있어 가장 중요한 요소이다." - 벤 하이네 -

준비물 _ 켄트지, 연필, 지우개, 카메라

소요 시간 : 80분 필요 인원 : 1~4명

생각하기

아이들의 상상력은 참 무궁무진하다. 하지만 가끔 일상에서 지루함을 느낀다면 상상의 나래를 펼칠 수 있게 도와주자.

기발한 표현으로 유명한 벤 하이네의 작품을 인터넷을 통해 찾아보자. 사진 위에 종이를 덧대어 상상의 세계를 보여주는 그의 작품을 따라 해본다. 평소 좋아하는 사진이나 재미있는 장면의 일러스트, 혹은 잡지를 부분적으로 가려 환상의 세계를 표현하자.

표현 하기

❶ 실제 장소에서 상상력을 발휘하여 떠오르는 것들을 종이에 그린다.

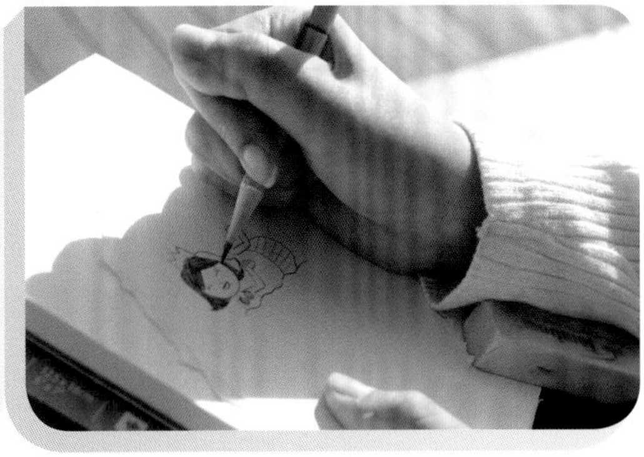

❷ 현재 있는 공간과 연결되는 내용이지만 색다르게 표현한다.

❸ 완성한 그림을 적당한 위치를 정해 촬영한다.

❹ 장소에 추가하고 싶은 그림을 적절한 위치에 배치하고 다시 휴대폰이나 카메라로 촬영하여 완성한다.

설명 하기

- 벤 하이네의 작품을 찾아보며 무엇을 느꼈는지 말해보자.
- 왜 이런 작품을 만들었는지 이야기해보자. 만약 자신이 그린 그림이 실제로 일어날 수 있는 일이라면 어떨지도 상상해보자.
- 작품을 만들며 재미있었던 점이나 어려웠던 점, 궁금한 점을 나눠보자.

벤 하이네(Ben Heine 1983년~현재)

벤 하이네는 벨기에의 사진가, 화가, 정치 만화가이다. 실제로 존재하는 현상 위에 연필 드로잉을 결합시켜 현실과 환상을 넘나드는 세계를 만들었다. 간단하지만 위트 있는 아이디어로 대중들의 관심과 사랑을 받으며 재미있는 작업을 이어가고 있다.

그림과 사진으로 상상하기 # 환상의 세계 # 벤 하이네

2-10

액션 페인팅하기

소요 시간 : 80분 필요 인원 : 1~4명

"그림에게는 나름의 삶이 있다. 나는 단지 그림이 삶을 살아갈 수 있게 노력하는 것뿐이다." - 잭슨 폴록 -

준비물 _ 전지 켄트지, 다용도 비닐 깔개(신문지), 수성 물감, 물통, 팔레트, 붓, 휴지, 음악

생각하기

추상미술이란 무엇일까? 아이에게 설명하기 어렵다면 잭슨 폴록이나 윌렘 드 쿠닝 등의 작품을 찾아보자. 무엇을 보고 그리는 것이 아니라 행위를 하면 그 자체가 그림이 될 것이다.

야외의 화창한 하늘 아래 낯선 음악을 들으며 온몸으로 그림을 그리는 행동을 모든 아이들이 꼭 한 번쯤 경험하면 좋겠다. 미술에 흥미를 느낄 수 있을 뿐만 아니라 그동안 받은 온갖 스트레스를 단번에 날려버릴 기회를 갖게 될 것이다.

표현하기

❶ 비닐 깔개를 바닥에 깔고 전지 크기의 켄트지와 채색 재료들을 준비한다. 음악도 틀어보자.

❷ 무엇을 그릴지 생각하지 말자. 느끼는 그대로 행위에 의존해 온몸으로 표현한다.

❸ 붓, 롤러, 구긴 비닐봉지 등 여러 가지 재료를 이용해 물감을 묻혀 그린다. 양손이나 발을 사용해도 좋다.

❹ 작업을 마치면 평평한 곳에 그림을 잘 말린다. 주변 정리를 하고 작품을 감상한다.

설명하기

- 온몸을 이용해 그림을 그린 소감을 이야기해보자.
- 그림에서 연상되는 이미지가 있다면 말해보자.
- 그림을 그리며 재미있었던 점이나 어려웠던 점, 궁금한 점을 함께 나눠보자.

잭슨 폴록(Jackson Pollock 1912~1956년)

잭슨 폴록은 추상표현주의의 대표적인 작가이다. 그는 커다란 캔버스를 바닥에 펼쳐 놓고 사방을 돌며 그 위로 물감을 흘리고, 끼얹고, 튀기고, 쏟아부으면서 온몸으로 그림을 그리는 '액션 페인팅'을 선보였다. 이러한 페인팅은 미국의 미술 운동에 영향을 주며 그는 20세기 문화의 아이콘이 되었다.

액션 페인팅하기 # 추상미술 # 잭슨 폴록

2 명화를 보고 표현하자

2-1 입체를 펼쳐 그리기

임정우 작품

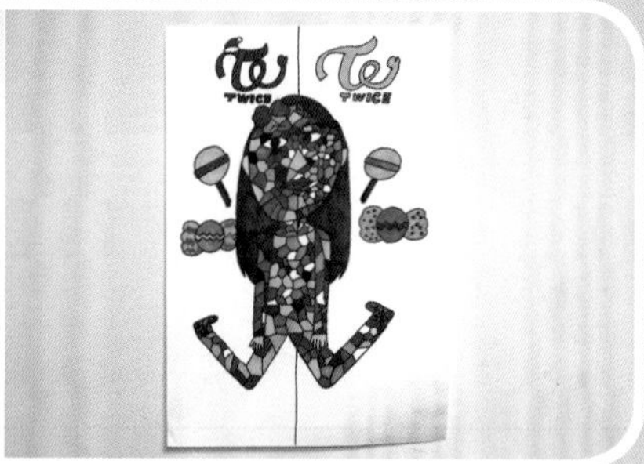

장윤서 작품

TIP

주변의 사물이나 풍경도 입체파처럼 면을 분할해서 그려보자.

2-2 그림을 면으로 표현하기

박윤 작품

성지우 작품

TIP

밑그림 없이 색종이를 오려 내어 종이 위에 배치해도 좋다.

2-3 상상의 세계 그리기

안수민 작품

장윤서 작품

TIP

많은 이야기를 담아 그림으로 표현하는 아이도 있고 하나의 이야기에 정성을 들여 그리는 아이도 있다. 자신만의 그리는 방법을 찾을 수 있게 다양한 방식으로 진행해보자.

2-4 음악을 그림으로 표현하기

김지원 작품

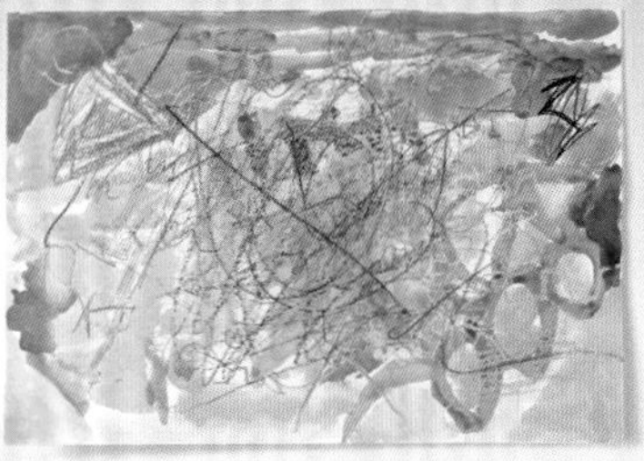

김하늘 작품

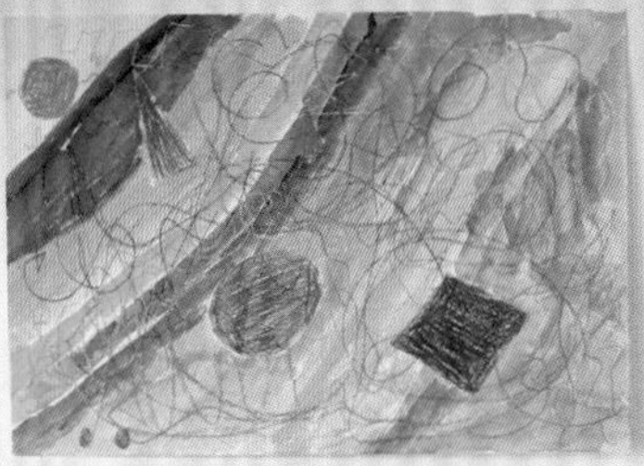

장윤서 작품

한솔 작품

TIP
음악을 들으며 떠오르는 심상을 구체적인 풍경이나 대상으로 나타내보자.

2-5 식물의 일부분만 크게 그리기

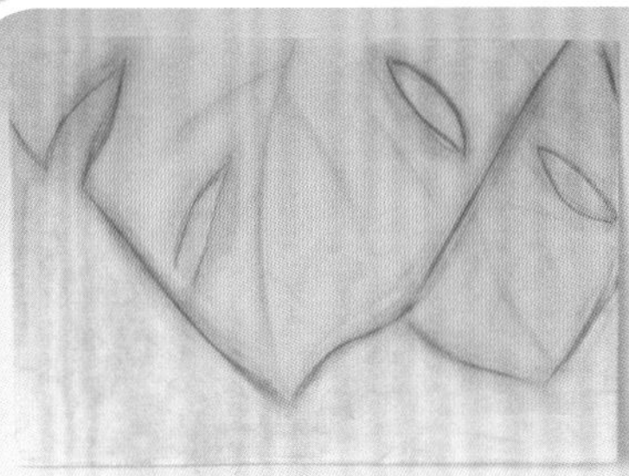

박지현 작품

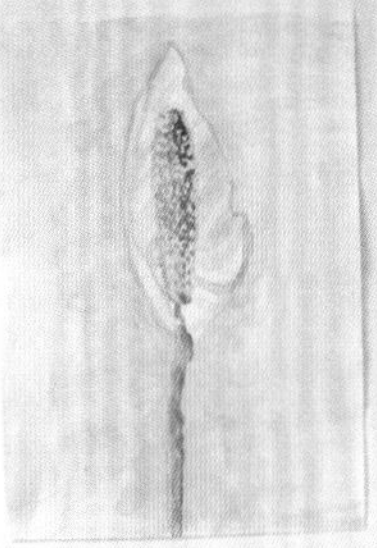

배재원 작품

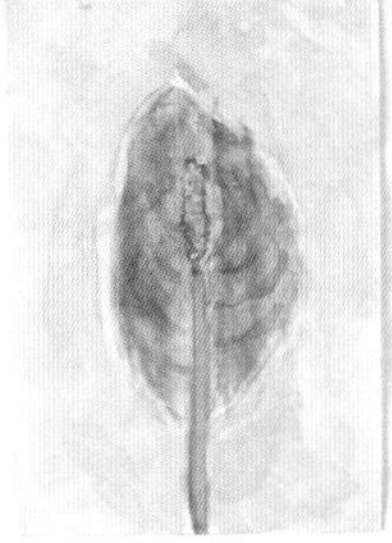

배주완 작품

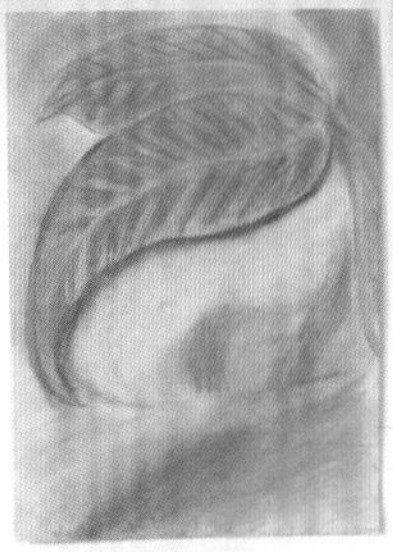

장윤서 작품

TIP
좋아하는 사물(장난감, 학용품 등)의 일부분을 확대하여 그려보자.

2-6 색종이로 그리기

김연서 작품

박서윤 작품

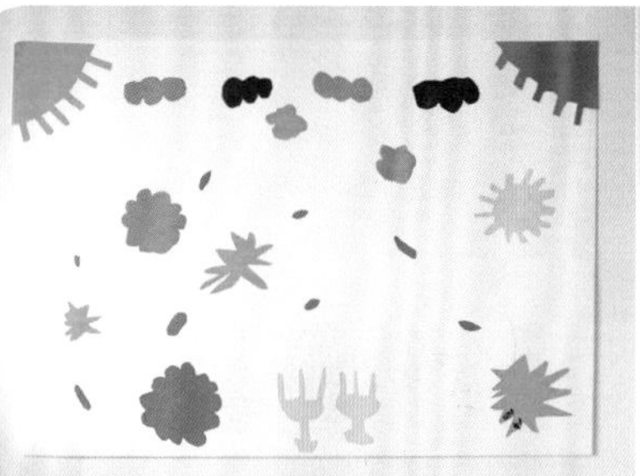
안예빈 작품

이시윤 작품

TIP
배경 없이 켄트지에 다양한 색종이로 꽃밭 풍경을 만들어보자.

2-7 색 팔레트 만들기

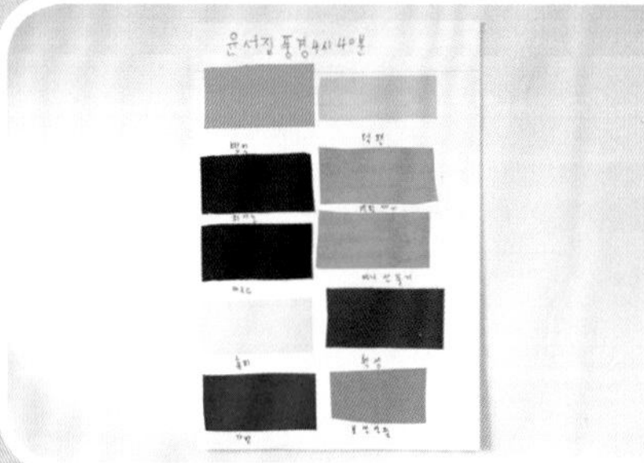
강민서 작품

박윤 작품

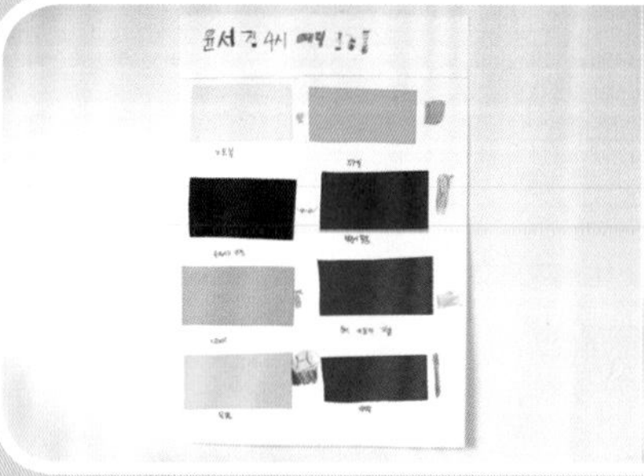
배재원 작품

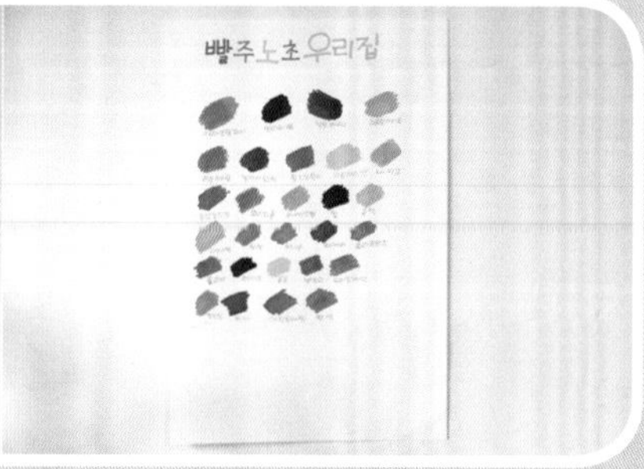

장윤서 작품

TIP
계란판에 자연과 관련된 낙엽이나 돌 등을 수집해 담아보자.

2-8 스티커로 점묘하기

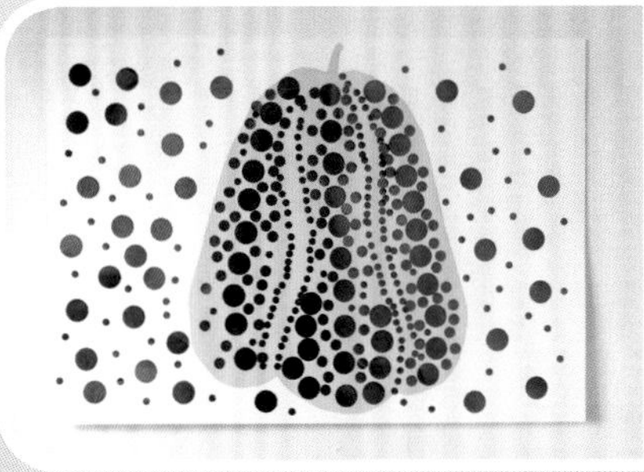
김시윤 작품

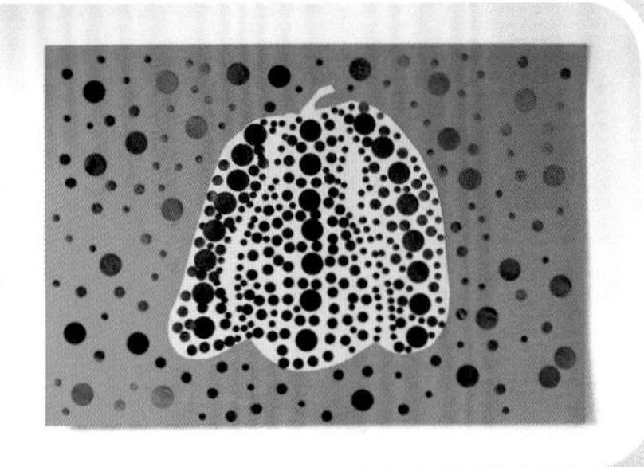
김연서 작품

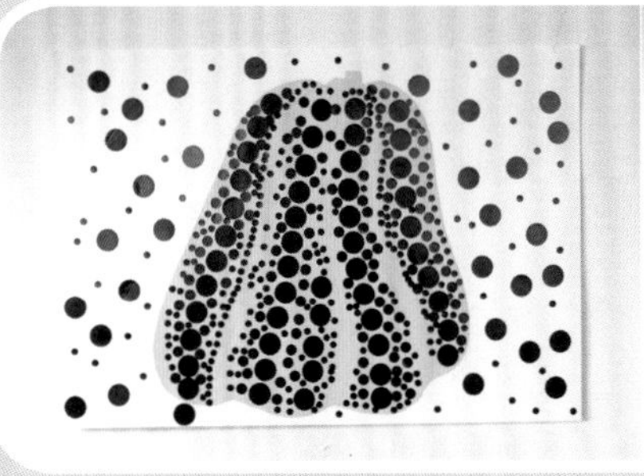
박서윤 작품

안예빈 작품

TIP
호박 외에도 단순화한 캐릭터를 점묘법으로 만들어보자.

2-9 일상에서 그림과 사진으로 상상하기

박윤 작품

장윤서 작품

TIP
종이 위에 나뭇잎이나 꽃을 놓고 상상하여 어울리는 상황을 그려보자.

2-10 액션 페인팅하기

박서인 작품

이승민 작품

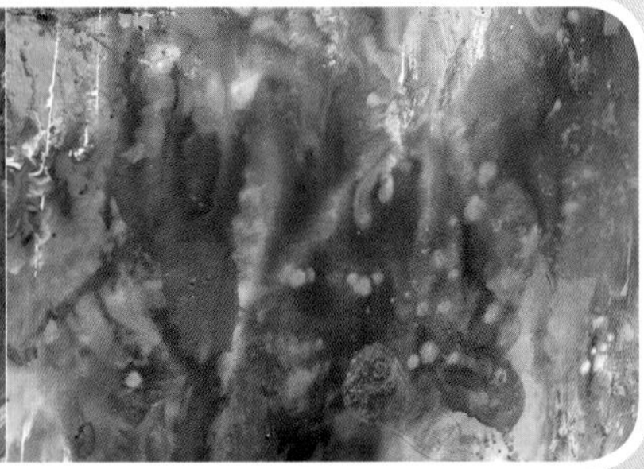
이승준 작품

TIP 전지 위에 검은색 물감 혹은 먹으로만 표현해보자. 붓에 긴 막대를 연결해 서서 사용해보자.

교과서 연계

모든 부모의 걱정거리 가운데 하나가 바로 우리 아이 교육 문제일 것입니다. 처음에는 내 아이와 아이의 친구들을 위해 미술 수업을 시작했는데, 이렇게 책을 만들며 교과서를 찾다 보니 모든 파트가 교과서와 연계되는 부분을 발견할 수 있었습니다. 동아출판과 천재교과서를 참고하여 보았고, 다음과 같이 연계된 부분을 정리하였으니 참고하셔도 좋을 것입니다.

2. 명화를 보고 표현하자

아주 잘 그린 그림 혹은 유명한 그림을 우리는 '명화'라고 일컫습니다. 이미 검증된 작품을 함께 살펴보고 화가들이 행했던 기법과 형식을 따라 하다 보면 세상을 새롭게 관찰하는 방법도 배울 수 있을 것입니다. 아이들과 함께 명화를 많이 보고 이야기하는 것을 추천합니다.

초등미술에서 대표적이고 상징적인 작가들을 선정하여 다른 책들과는 확연히 다른 방법으로 회화 작업을 경험할 수 있게 구성하였습니다. 다른 파트와는 달리 거장들의 한 마디도 담았으니 책을 꼼꼼히 살펴보길 바랍니다.

2-1 입체를 펼쳐 그리기

5학년 1학기 03 상상의 세계로(심화) 새로운 표현 방법으로
5학년 2학기 06 미술 작품과 친구가 되어요(기초) 미술 작품을 보는 눈

2-2 그림을 면으로 표현하기

3학년 1학기 자연과 함께(심화) 4 색과 모양 찾기
5학년 1학기 02 조형의 나라로(기초) 조형 요소와 원리로 세상을 표현해요
5학년 1학기 03 상상의 세계로(심화) 새로운 표현 방법으로
5학년 2학기 06 미술 작품과 친구가 되어요(기초) 미술 작품을 보는 눈

2-3 상상의 세계 그리기

5학년 1학기 03 상상의 세계로(심화) 새로운 표현 방법으로
5학년 2학기 06 미술 작품과 친구가 되어요(기초) 미술 작품을 보는 눈

2-4 음악을 그림으로 표현하기

3학년 1학기 자연과 함께(심화) 4 색과 모양 찾기
5학년 1학기 03 상상의 세계로(심화) 새로운 표현 방법으로
5학년 2학기 06 미술 작품과 친구가 되어요(기초) 미술 작품을 보는 눈

2-5 식물의 일부분만 크게 그리기

3학년 1학기 자연과 함께(심화) 4 색과 모양 찾기
3학년 1학기 새롭게 관찰하기(심화) 6 다르게 보기
5학년 1학기 03 상상의 세계로(심화) 새로운 표현 방법으로
5학년 2학기 06 미술 작품과 친구가 되어요(기초) 미술 작품을 보는 눈

2-6 색종이로 그리기

3학년 1학기 자연과 함께(심화) 4 색과 모양 찾기
5학년 1학기 03 상상의 세계로(심화) 새로운 표현 방법으로
5학년 2학기 06 미술 작품과 친구가 되어요(기초) 미술 작품을 보는 눈

2-7 색 팔레트 만들기

3학년 1학기 자연과 함께(심화) 4 색과 모양 찾기
5학년 1학기 02조형의 나라로(심화) 주변을 둘러싼 색과 만나요.
5학년 2학기 06 미술 작품과 친구가 되어요(기초) 미술 작품을 보는 눈

2-8 스티커로 점묘하기

3학년 1학기 자연과 함께(심화) 4 색과 모양 찾기
5학년 1학기 03 상상의 세계로(심화) 새로운 표현 방법으로
5학년 2학기 06 미술 작품과 친구가 되어요(기초) 미술 작품을 보는 눈

2-9 일상에서 그림과 사진으로 상상하기

5학년 1학기 사진과 컴퓨터(기초) 17 내가 바라본 우리 주변

5학년 2학기 06 미술 작품과 친구가 되어요(기초) 미술 작품을 보는 눈

6학년 2학기 10 새로운 표현의 나라로(기초) 찰칵찰칵 사진 작가가 되어 볼까요

2-10 액션 페인팅하기

5학년 1학기 03 상상의 세계로(심화) 새로운 표현 방법으로

5학년 2학기 06 미술 작품과 친구가 되어요(기초) 미술 작품을 보는 눈

3 여러 가지를 만들자

크레파스나 색연필을 들고 하얀 종이를 마주하면 긴장하는 아이들이 있습니다. 그림을 그리기 어려워하는 아이들에게는 만들기를 추천합니다. 감각의 차이일 뿐 오히려 평면에서 표현하는 것보다 입체 작품을 경험하며 즐거워하는 아이들도 많습니다. 아이가 재미있게 할 수 있는 미술 활동을 찾는 것이 좋다고 생각합니다. 만들기를 하다 보면 재료를 사용할 때마다 도전하며 즐기는 모습도 볼 수 있습니다. 또한 결과물을 일상에서 사용한다면 아이 스스로 만들었다는 만족감을 통해 자존감을 높이는 데 도움이 될 것입니다.

하지만 만들기는 준비물이 부담스러운 미술 활동이기도 합니다. 준비물은 재활용할 수 있는 빈 우유갑이나 포장재만 있어도 충분합니다. 만들 것을 먼저 정하고 재료를 준비하는 것이 만들기의 일반적인 준비 순서라 생각되지만, 집에 있는 물건들을 이용해 무엇을 만들지 생각해보는 것이 실질적으로 더 편하게 만들기를 경험할 수 있는 조건이 될 것입니다.

그리고 만들기를 한 다음 일정 기간을 정해 집안을 장식하는 것도 재미있을 것입니다. 한동안 현관 앞에 재활용 로봇이 우릴 반겨준다거나 하는 식으로 아이의 작품을 진지하게 생활공간에 배치한다면 유머러스한 생활을 만드는 데 도움이 될 것입니다. 전시 기간이 끝나면 작품을 카메라로 찍어 사진으로 남겨주세요. 그러면 보관할 공간에 대한 부담도 줄 수 있습니다.

쉽고 빠르게 변화하는 디지털 시대에 살고 있는 아이들에게 만들기를 통해 아날로그 감성을 경험하게 해주세요. 아이들이 무언가를 만들며 과정의 즐거움을 경험하길 바랍니다. 또한 위기가 닥쳤을 때 낙담하지 않고 해결 방법을 찾으려고 노력하는 단단한 마음으로 살아갔으면 합니다.

자, 이제 우리 집에 어떤 만들기 재료가 있는지 찾아볼까요!

3-1

가방 참장식 만들기

소요 시간 : 80분 필요 인원 : 1~4명

준비물 _ 펠트, 십자수 실, 가위, 양면테이프, 열쇠고리, 글루건

생각하기

귀걸이, 가방, 지갑, 양말 등 장식으로 쓰이는 태슬(술)을 만들자. 장식, 술, 옥수수 수염이란 뜻의 태슬은 손이 많이 가는 만큼 멋진 결과물을 얻을 수 있다.

또한 태슬을 만들면서 공예에 대한 감각도 배울 수 있다. 실은 점·선·면 가운데 선의 요소이고, 펠트천은 면의 요소로 볼 수 있기 때문이다. 선과 면을 이용해 다양한 모양의 태슬을 만들자.

표현하기

❶ 손가락 네 개를 붙인 뒤 실을 돌돌 감는다. 감은 실 뭉치를 손가락에서 빼서 가운데를 잡고 다른 실로 한 번 묶는다.

❷ 동그란 끝부분의 가운데를 가위로 잘라 술을 만든다. 윗부분에 돗바늘로 실을 걸거나 오링이 있다면 끼워준다.

❸ 펠트천을 직사각형으로 오려 내어 밑부분만 문어발처럼 일정하게 가위집을 낸다. 천의 윗부분에 글루건으로 고리가 될 실을 붙인다.

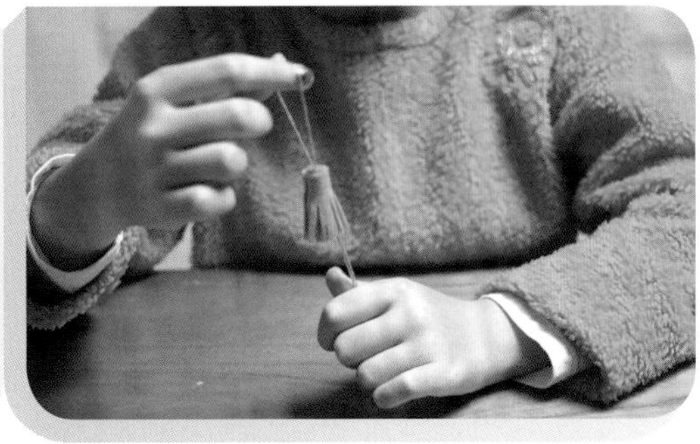

❹ 천을 돌돌 말아 글루건이나 양면테이프로 접착하면 태슬이 완성된다.

❺ 두 가지의 방법을 응용하여 다양한 소재로 여러 가지 태슬을 만든다.

❻ 만든 태슬을 전부 모아 하나의 고리에 연결한다. 가방에 달아 장식해보자.

설명하기

- 태슬이 있는 물건들을 나열해보고 자신이 만든 태슬들이 어떤 물건들과 어울릴지도 이야기해보자.
- 작품을 만들며 재미있었던 점이나 어려웠던 점, 궁금한 점을 함께 나눠보자.

#참장식 만들기 #태슬 만들기 #가방 장식

3-2

종이 꽃다발 만들기

소요 시간 : 80분 필요 인원 : 1~4명

준비물 _ 켄트지 4장, 유성 매직 24색, 색종이, 털실이나 리본, 가위, 풀

생각하기

종이로 하는 만들기 수업 가운데 특히 여자아이들이 좋아하는 것이 바로 종이 꽃다발 만들기이다. 종이에 꽃을 그리고 나서 오려 내어 꽃다발을 만들 것이다. 해바라기나 장미처럼 실제 있는 꽃을 그리거나 세상에 없는 꽃을 상상해서 만들어도 좋다. 종이를 가위로 오려 내어 컷아웃의 느낌으로 나타내거나 알록달록 색종이를 이용해 예쁜 꽃다발을 만들어보자.

표현하기

❶ 켄트지에 꽃을 줄기까지 한 송이씩 유성 매직으로 그린다. 꽃다발을 만들 수 있을 만큼 표현한다.

❷ 가위로 꽃을 전부 오려 낸다. 바탕이 될 종이에 종이꽃을 꽃꽂이하듯 어울리게 배치한다.

❸ 줄기 부분에 색종이를 포장지처럼 접어 붙인다. 그 위에 종이꽃을 붙이고 색종이를 감싼 뒤에 리본을 붙인다.

❹ 켄트지 하단에 생각한 제목을 유성 매직으로 쓴다.

설명하기

- 어떤 꽃들을 표현했는지 이야기해보자.
- 종이 꽃다발과 생화 꽃다발의 차이점을 말해보자.
- 작품을 만들며 재미있었던 점이나 어려웠던 점, 궁금한 점을 함께 나눠보자.

롱롱타임플라워

유리에 그림을 그리는 윈도우 페인팅 아티스트로 유명한 국내 작가 나난이 '롱롱타임플라워'라는 시들지 않는 꽃다발을 만들었다. 아이들과 함께 인터넷을 통해 나난의 작품을 살펴보고 독창적인 그녀의 작품을 따라 해보자.

#종이꽃다발 #롱롱타임 플라워 #종이로 만들기

3-3

데칼코마니 모빌 만들기

소요 시간 : 80분 필요 인원 : 1~4명

준비물 _ 색도화지, 수성 물감, 가위, 리본, 글루건

생각하기

균형을 위하여 중심선의 상하 또는 좌우를 같게 배치한 화면 구성을 '대칭'이라고 한다. 대칭을 이용해서 미술 놀이를 할 수 있다.

우리 주변에 대칭인 물건들이나 모양들을 생각해보자. 종이 위에 그림물감을 두껍게 칠하고 반으로 접거나 다른 종이를 덮어 찍어서 대칭적인 무늬를 만드는 회화 기법을 '데칼코마니'라고 한다. 이렇게 만든 종이들을 리본에 붙여 줄처럼 길게 거는 장식을 만들자. 여러 개를 만들어 나란히 문 앞에 걸면 발 같은 효과도 줄 수 있다.

표현하기

❶ 색도화지를 반을 접어 대칭이 되는 모양이나 다양한 대상들을 생각하며 오려 낸다.

❷ 접힌 면을 기준으로 한 면에만 다양한 물감을 짠다. 반을 접어 잘 문질러준 뒤 펴서 말린다.

❸ 예쁜 리본이나 긴 줄에 순서대로 종이들을 어울리게 배치한 뒤에 글루건으로 붙인다.

❹ 방문 앞이나 창가 등 걸맞은 곳에 걸어 장식한다.

설명하기

- 대칭의 모양을 가진 물건이나 동물 등을 함께 말해보자.
- 데칼코마니 기법으로 만든 작품들을 인터넷이나 책을 통해 함께 찾아보자.
- 작업을 하며 재미있었던 점이나 어려웠던 점, 궁금한 점을 함께 나눠보자.

데칼코마니 기법

데칼코마니(decalcomanie)는 원래 일정한 무늬를 종이에 찍어 다른 표면에 옮겨 붙이는 장식 기법을 말한다. 일반적으로 데칼코마니에는 과슈(gouache) 등을 종이에 바른 뒤에 캔버스 혹은 다른 종이에 눌렀다 떼는 방식으로 진행했다. 이를 통해 작가들은 예측하기 어려운 형태의 작품을 만들어 낼 수 있었다.

데칼코마니 모빌 만들기 # 데칼코마니 기법 # 물감 찍어내기

3-4

종이봉투로 아프리카 가면 만들기

소요 시간 : 80분 필요 인원 : 1~4명

준비물 _ 종이봉투, A4 라벨지(전지), 원형 스티커, 색연필, 유성매직, 색지, 글루건

생각하기

전 세계에는 수많은 가면이 있고, 그 만듦새도 헝겊 조각으로 소박하게 만든 단순한 가면에서부터 눈 · 코 · 귀 등의 각 부분이 자연스럽게 움직이는 복잡하고 정교한 것까지 다양하다.

특히 자주 접하기 어려운 아프리카 가면을 인터넷을 통해 찾아보고 주변에서 쉽게 구할 수 있는 종이봉투를 이용해 가면을 만들자. 얼굴의 대칭적인 부분을 염두에 두며 가면에 장식적인 요소들을 반영한다. 종이봉투 가면에 대칭, 패턴, 장식 등을 적용해 표현해보자.

표현하기

❶ 종이봉투를 얼굴에 쓰고 눈과 입의 위치를 연필로 표시한 뒤 가위나 칼로 오려 낸다.

❷ 장식하고 싶은 곳부터 스티커를 붙인다. 좌우나 상하가 대칭이 되게 꾸며보자.

❸ 유성매직으로 짧은 선, 곡선 등 다양한 선을 그려 무늬를 만든다.

❹ 종이봉투의 윗면이나 옆면에 종이 술을 달아 장식을 추가해도 좋다.

설명하기

- 우리나라 탈과 아프리카 가면의 차이점에 대해 이야기해보자.
- 오래전부터 전 세계에서 가면을 착용한 이유에 대해 생각해보고 함께 말해보자.
- 가면을 만들며 재미있었던 점이나 어려웠던 점, 궁금한 점을 함께 나눠보자.

가면 놀이

종이봉투뿐만 아니라 풍선에 종이 죽을 붙인 후 말려서도 가면을 만들 수 있다. 기존의 가면에 미술 재료를 이용하여 채색만 해도 괜찮다. 여러 명이 가면을 만든다면 다양한 모양의 가면이 탄생될 것이다. 그 가면들을 쓰고 상황극을 연출하는 것도 큰 즐거움이 될 것이다.

아프리카 가면 # 가면 만들기 # 가면 놀이

3-5

종이와 상자로 주제 표현하기

소요 시간 : 80분 필요 인원 : 1~4명

준비물 _ 켄트지, A4 라벨지(전지), 사인펜, 연필, 색연필, 상자, 풀, 양면테이프, 가위, 색 마스킹 테이프 등

생각하기

집에 있는 가장 흔한 재활용품은 아마도 상자일 것이다. 종이와 상자만 있어도 즐거운 미술 활동을 할 수 있다. 아이들이 좋아하는 주제를 한 가지 정해 종이에 자유롭게 그리자. 그런 다음 상자에 그림과 연관된 주제를 깊이 있게 그림으로 표현한다.

집에서 키우는 반려동물인 개, 몽실이를 주제로 선택했다. 몽실이를 그리는 것을 시작으로 상자에 '몽실이의 꿈'을 만들었다. 집에 반려동물이 없다면 식물이나 애착 인형 같은 것을 선택해도 좋다.

표현하기

❶ 강아지를 보면서 켄트지에 그림을 그린다. 보면서 그리거나 보고 나서 생각하면서 표현한다.

❷ 마스킹 테이프, 스티커, 색연필 등 구하기 쉬운 재료를 사용하여 강아지와 관련된 배경이나 추상적인 이미지들을 나타낸다.

❸ 강아지와 관련된 것을 상자에도 표현한다. 만약 진행하기 어려워하면 예를 들어 설명해준다.

❹ 강아지가 좋아하는 것들을 상상하며 상자에 자유롭게 표현한다.

설명하기

- 하나의 주제를 가지고 평면과 입체로 표현하면서 무엇을 느꼈는지 이야기해보자.
- 평면인 종이와 입체인 상자에 그림을 그릴 때의 차이점에 대해 말해보자.
- 작품을 만들며 재미있었던 점이나 어려웠던 점, 궁금한 점을 함께 나눠보자.

현대의 미술 재료

회화, 조각, 소조에 쓰이는 재료와 용구는 정해진 것이 아니다. 미술가들은 세상의 모든 것들이 재료가 될 수 있다는 생각으로 재료에 대해 다양한 시도를 하고 있다. 사진, 비디오, 땅, 폐품, 디지털 기술, 인간의 몸 등 주변의 거의 모든 것이 미술 재료로 사용되고 있다.

#재활용 미술 #주제 표현하기 #현대 미술 재료

3-6

나만의 애착 인형 만들기

소요 시간 : 80분 필요 인원 : 1~4명

준비물 _ 켄트지, 연필, 사인펜, 광목천, 방울솜, 염색용 사인펜, 실, 바늘, 가위, 재봉틀

생각하기

아이들이 캐릭터나 인형을 좋아한다면 직접 그림을 그리고 그 그림을 바탕으로 인형을 만들자. 아이들은 세상에 단 하나뿐인 인형을 만들며 즐거움을 경험할 수 있다. 인형의 뒤에 만든 날짜를 기록해두면 두고두고 본인이 몇 살 때 만든 인형인지 추억할 수도 있어 특별한 의미를 둘 수 있는 작업이 될 것이다.

표현하기

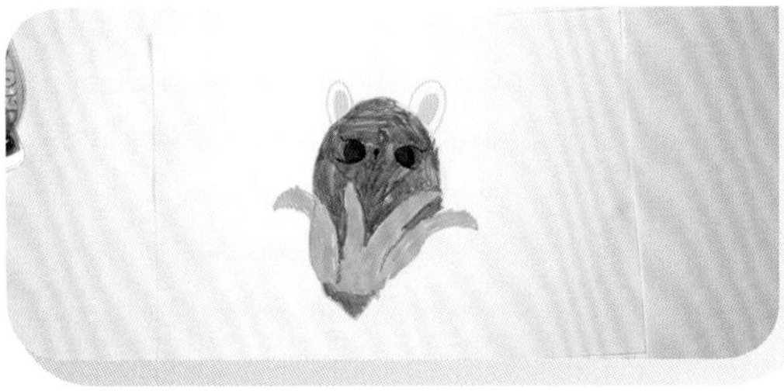

❶ 종이에 인형으로 만들고 싶은 캐릭터를 사인펜이나 연필로 그린다.

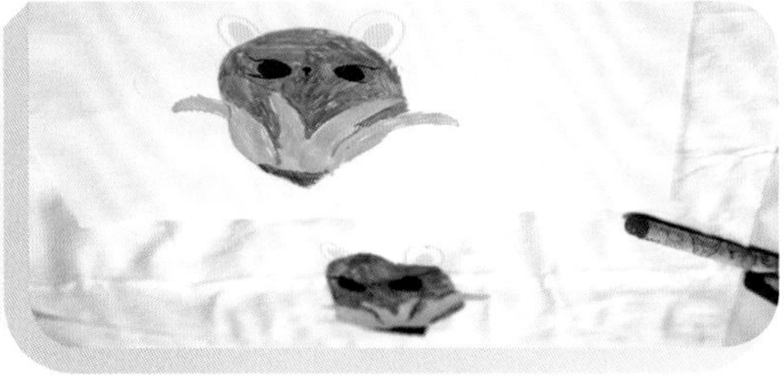

❷ 종이에 완성한 그림을 광목천에 염색용 사인펜으로 똑같이 따라 그린다.

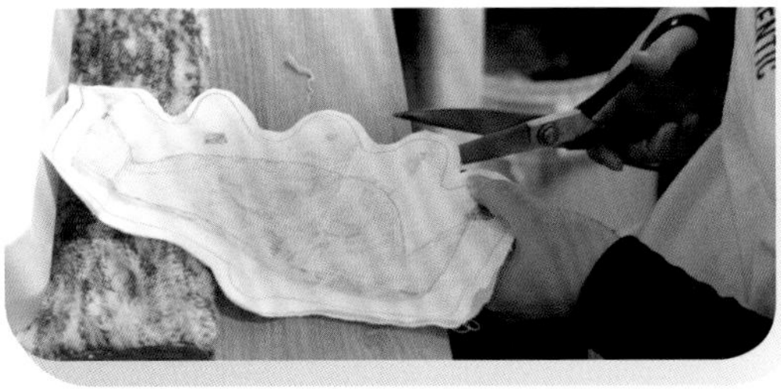

❸ 그림 모양의 사방에 1~2센티미터 정도 여유를 주고, 인형의 겉면이 될 부분 2장을 맞대고 똑같이 오려 낸다.

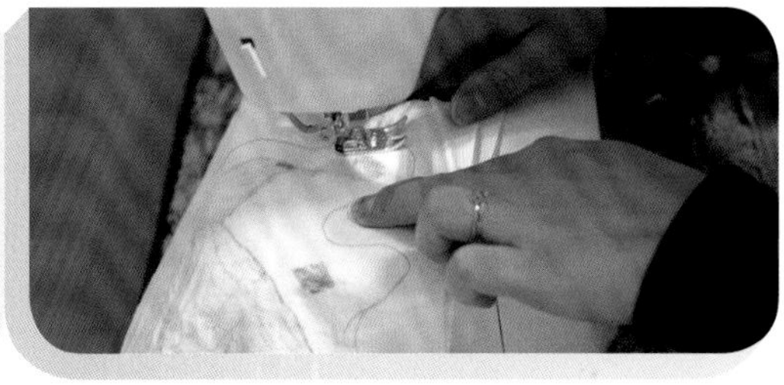

❹ 솜을 넣을 창구멍 부분을 남기고 테두리를 박음질한다. 이때 윗부분에 리본이나 끈을 고리 모양(U)으로 고정하여 박음질한다.

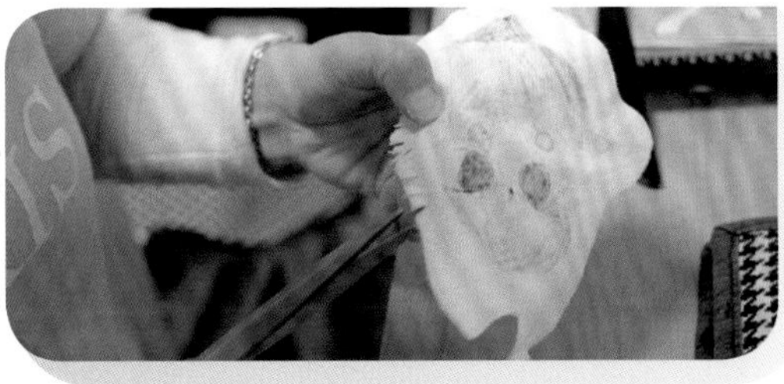

❺ 박음질한 바깥의 곡선 부분에 가위집을 내준다. 그래야 뒤집었을 때 천이 울지 않는다.

❻ 창구멍 사이로 천을 뒤집은 다음 그 사이로 방울솜을 넣는다.

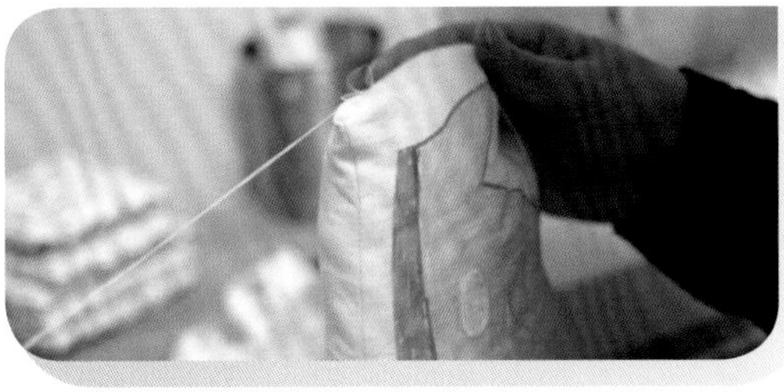

❼ 창구멍 시접을 안쪽으로 접어가면서 감침질을 해준다.

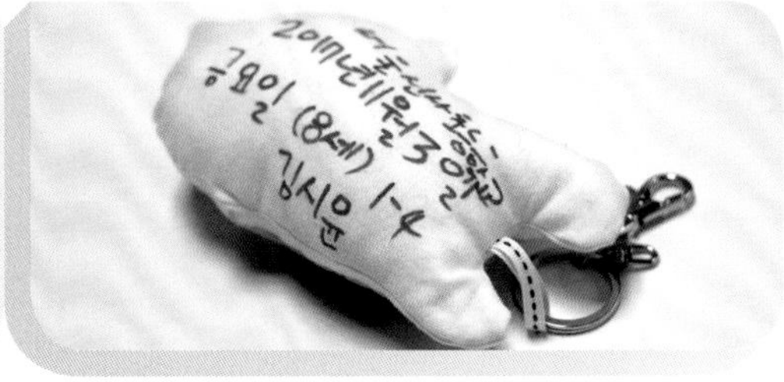

❽ 인형의 뒷면에 날짜와 이름 등을 적어 완성한다. 낚싯줄에 매달아 모빌처럼 장식하거나 가방에 달아보자.

설명하기

- 그림만 그렸을 때와 그림을 바탕으로 인형을 만들면서 무엇을 느꼈는지 이야기해보자.
- 인형의 이름을 지어보자. 이름의 의미와 함께 인형의 특징도 말해보자.
- 작품을 만들며 재미있었던 점이나 어려웠던 점, 궁금한 점을 함께 나눠보자.

3-7

지점토로 강아지 만들기

소요 시간 : 160분(2회) 필요 인원 : 1~4명

준비물 _ 지점토, 깔개, 지점토 조각도, 물, 공예철사, 물감, 바니시(유광 혹은 무광)

생각하기

아이들의 창의력 향상에 도움을 주는 학습 도구 중 하나인 지점토로 강아지를 만들자. 공예철사로 강아지의 뼈대를 굵직하게 만들고 지점토로 뼈대를 감싸듯 붙여 네 발로 서 있는 강아지를 표현해보자. 꼭 강아지가 아니어도 네 발의 동물이라면 무엇이든지 만들어보자. 두 발보다는 네 발의 동물이 지점토를 지탱하는 힘이 더 강하기 때문이다. 말랑말랑한 지점토로 살점을 붙여가면서 입체를 표현하다 보면 창의력이 쑥쑥 자라날 것이다.

표현하기

❶ 강아지를 크게 머리, 목, 몸통, 다리, 꼬리 부위별로 살펴보고 나서 공예철사로 뼈대를 만든다.

❷ 지점토를 얇고 넓게 펴서 뼈대에 감싸듯이 붙인다. 갈라진 부분을 잘 연결하며 눈, 코, 입 등을 표현한다.

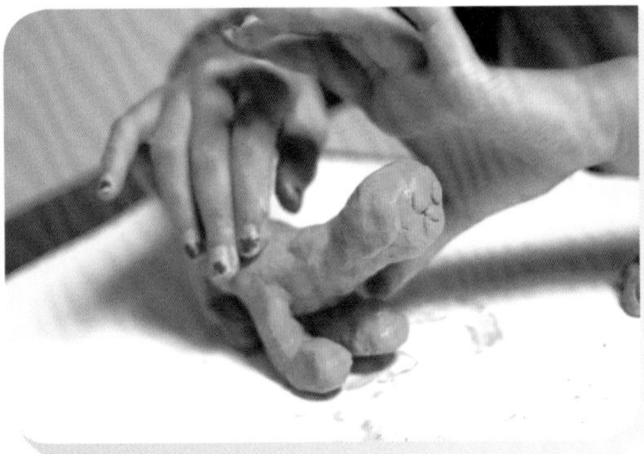

❸ 손에 물을 묻혀 전체적으로 지점토를 만져주며 갈라진 곳이 없도록 매끄럽게 다듬는다.

❹ 하루 이상 말린 뒤에 수성 물감으로 채색한다. 다시 건조한 후 바니시를 발라 작품의 표면을 보호한다.

설명하기

- 철사로 뼈대를 만들었을 때와 지점토로 살점을 붙였을 때 무엇을 느꼈는지 말해보자.
- 지점토로 강아지를 만드는 과정을 친구들에게 설명해보자.
- 작품을 만들며 재미있었던 점이나 어려웠던 점, 궁금한 점을 함께 나눠보자.

다양한 장식품 만들기

지점토는 만들 수 있는 범위가 다양하고 다른 소재와 함께 작업이 가능하다. 주변에서 쉽게 장난감이나 피규어 등을 접할 수 있는데, 이러한 소품들을 직접 만들어보자. 종종 만들다 보면 핸드메이드의 감성을 느낄 수 있으며 대량으로 찍어낸 제품과는 다른 아름다움도 경험할 수 있다.

#지점토 #강아지 만들기 #찰흙 놀이

3 여러 가지를 만들자

3-1 가방 참장식 만들기

박윤 작품

장윤서 작품

TIP
다양한 모양의 리본을 여러 개 준비하여 열쇠고리에 매달아보자.

3-2 종이꽃다발 만들기

김다봄 작품

장윤서 작품

TIP
더 두꺼운 종이로 꽃송이나 선인장 등을 만들어 꽃병이나 화분에 넣어 장식해 보자.

3-3 데칼코마니 모빌 만들기

김시윤 작품

김연서 작품

안예빈 작품

TIP 얼굴 모양으로 오려 낸 종이에 데칼코마니 기법으로 꾸며 가면도 만들어보자.

3-4 종이봉투로 아프리카 가면 만들기

박윤 작품

장윤서 작품

TIP
위와 같은 방법으로 재활용 상자를 이용해 다양한 소품을 만들어보자.

3-5 종이와 상자로 주제 표현하기

김연서 작품

박서윤 작품

TIP
환경 보호와 관련된 포스터를 그리고 메시지를 담은 상징물도 만들어보자.

3-6 나만의 애착 인형 만들기

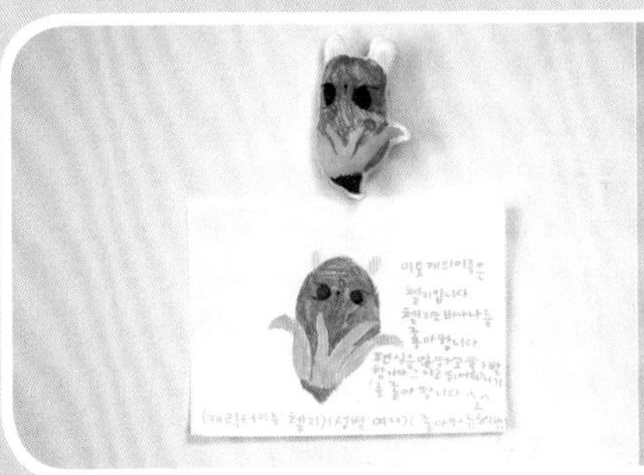
김시윤 작품

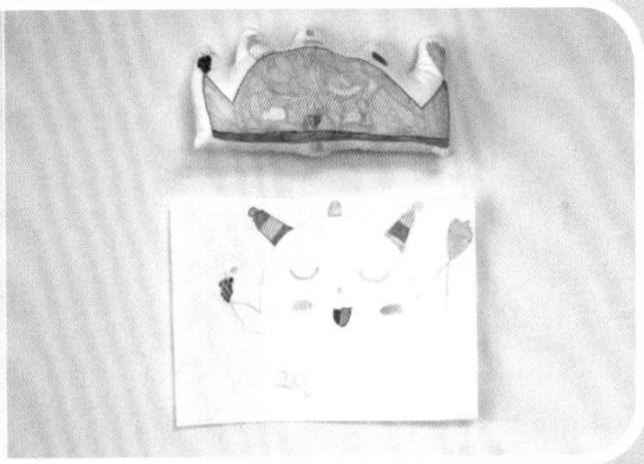
안예빈 작품

TIP
작품을 완성하고 나서 인형 뒤에 옷핀이나 글루건을 이용해 벽에 붙여 장식해보자.

3-7 지점토로 강아지 만들기

장윤서 작품

장윤서 작품

TIP
다양한 동물 외에 멋진 건축물도 만들어보자.

교과서 연계

모든 부모의 걱정거리 가운데 하나가 바로 우리 아이 교육 문제일 것입니다. 처음에는 내 아이와 아이의 친구들을 위해 미술 수업을 시작했는데, 이렇게 책을 만들며 교과서를 찾다 보니 모든 파트가 교과서와 연계되는 부분을 발견할 수 있었습니다. 동아출판과 천재교과서를 참고하여 보았고, 다음과 같이 연계된 부분을 정리하였으니 참고하셔도 좋을 것입니다.

3. 여러 가지를 만들자

파트3은 미술의 장르 가운데 '공예'와 '디자인'에 관해 다루었습니다. 공예는 쓰임새와 아름다움이 있는 생활 용품을 만들어 내는 것을 의미합니다. 집에서 쉽게 구할 수 있는 재료나 혹은 다 쓴 용품을 재활용해 만들기를 할 수 있도록 했습니다. 미술적 가치뿐만 아니라 환경을 생각하는 시간을 가졌으면 좋겠습니다.
자연을 주위에서 손쉽게 접할 수 있다면 자연물을 조합해서 만드는 방법도 무궁무진합니다. 먼저 마음에 드는 나뭇가지나 돌 등을 수집한 뒤에 천천히 생각해보고 그때그때 떠오르는 것들을 만드는 것도 재미있습니다. 집에 있는 제한된 재료 혹은 수집한 물건들을 조합해서 목적성에 맞게 제작하다 보면 창의적 체험이 그렇게 멀리 있지 않음을 느낄 수 있답니다. 아이와 함께 여러 가지를 만들며 행복한 시간을 보냈으면 합니다.
우리 주변에서 흔히 디자인이라는 단어를 쉽게 사용하고 자주 듣곤 하는데, 막상 설명하려면 어렵게 느껴집니다. 디자인은 사용 목적에 따라 조형 작품이나 제품의 모양, 색상, 장식 등에 대해 계획하거나 도안하는 것을 말합니다.
쉽게 구할 수 있는 재료를 이용해 다양한 방법으로 만들기를 경험하며 공예의 즐거움과 디자인으로 소통하는 시간을 가지길, 그리고 더불어 자신이 만든 작품을 실생활에서 사용하는 뿌듯함도 느꼈으면 합니다. 가능하다면 아이가 만든 물건으로 집안을 장식해주세요. 아이의 작품을 볼 때마다 부모가 칭찬해주고 존중하며 함께 사용한다면 아이의 자존감 향상과 더불어 예술이 우리 생활 속에 자연스럽게 녹아들게 될 것입니다.

3-1 가방 참장식 만들기

4학년 1학기 쓸모 있는 제품 디자인(기초) 11 나는야, 디자이너
6학년 2학기 11 쓰임이 있는 미술(기초) 내 손으로 공예품을 만들어요

3-2 종이꽃다발 만들기

3학년 1학기 새롭게 관찰하기(기초) 5 자연은 내 친구
6학년 2학기 11 쓰임이 있는 미술(기초) 내 손으로 공예품을 만들어요

3-3 데칼코마니 모빌 만들기

4학년 1학기 쓸모 있는 제품 디자인(기초) 11 나는야, 디자이너
4학년 2학기 재미있는 미술(심화) 22 재미있는 현대 미술
6학년 2학기 11 쓰임이 있는 미술(기초) 내 손으로 공예품을 만들어요

3-4 종이봉투로 아프리카 가면 만들기

4학년 2학기 함께하는 세상(기초) 19 세계를 구경해요
6학년 1학기 08 만들기 나라로(기초) 지구를 살리는 폐품 예술

3-5 종이와 상자로 주제 표현하기

4학년 2학기 재미있는 미술(심화) 22 재미있는 현대 미술
6학년 2학기 09 소통의 세계로(심화) 말하지 않아도 알 수 있어요
6학년 1학기 08 만들기 나라로(기초) 지구를 살리는 폐품 예술

3-6 나만의 애착 인형 만들기

4학년 1학기 쓸모 있는 제품 디자인(기초) 11 나는야, 디자이너
6학년 2학기 11 쓰임이 있는 미술(기초) 내 손으로 공예품을 만들어요

3-7 지점토로 강아지 만들기

3학년 1학기 새롭게 관찰하기(기초) 5 자연은 내 친구

6학년 1학기 07 관찰의 세계로(기초) 우리들의 모습을 표현해요.

6학년 1학기 08 만들기 나라로(심화) 붙이고 깎는 표현의 세계

4 얼굴을 다양하게 표현하자

“우리 애는 사람을 잘 그렸으면 좋겠어요.”
엄마들과 대화하면 종종 듣게 되는 바람입니다. 그들의 바람은 거창한 게 아닐 때가 많습니다. 하지만 이유 있는 바람입니다. 아이마다 사람을 표현하는 자신만의 방법이 있기 때문입니다.

아이들에게 자신의 얼굴을 그리라고 하면 실제 모습보다 예쁘게 그리려고 하거나 만화적인 표현을 따라 하는 경우가 많습니다. 장면이 달라져도 아이가 그린 사람은 늘 정면을 보고 웃는 모습이거나 코는 없고 눈은 얼굴 크기의 반을 차지할 만큼 크게 표현하기도 합니다. 눈, 코, 입 외에도 눈빛과 표정 등이 있어서 다양한 감정을 느낄 수 있는 것이 사람의 얼굴입니다. 다섯 가지 주제가 있지만 그 안에서 반복해서 나온 대상은 바로 사람입니다. 그래서 인체와 얼굴을 여러 가지 방법으로 나타낼 수 있도록 따로 구성했습니다. 다양한 방법으로 사람의 얼굴을 표현하며 자신과 다른 친구들을 이해하는 시간을 가졌으면 합니다.

물론 사람을 잘 그리는 방법은 분명히 있습니다. 잘 그리는 방법을 외워서 적용할 수도 있습니다. 그러나 획일화된 방법론에 익숙해져서 의심 없이 반복적인 표현을 하다 보면 관찰하는 것을 두려워할 수도 있습니다. 창의력을 기를 수 있도록 열려있는 방법으로 여러 가지 표현을 경험하며 좀 더 다양한 결과를 기대하고 싶습니다. 여러 가지 방법으로 인체와 얼굴을 표현해보세요. 그리고 사랑하는 사람들을 바라보는 시간 속에서 진심으로 행복하길 바랍니다.

자, 이제 다양한 방법으로 얼굴을 표현해볼까요!

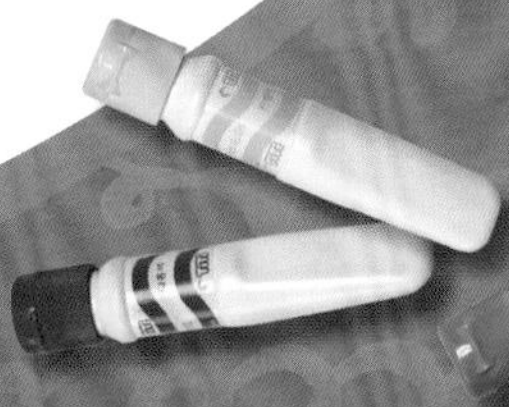

4-1

눈, 코, 입 따로 표현하기

소요 시간 : 80분 필요 인원 : 1~4명

준비물 _ 색도화지, 켄트지, 가위, 풀, 목탄, 색연필, 연필

생각하기

아이들이 얼굴을 그릴 때 이목구비를 묘사하는 것에 부담을 느끼는 경우가 많다. 그래서 눈, 코, 입을 관찰한 뒤에 각각 따로 그려보자. 하나씩 그리기 때문에 얼굴 전체의 비례를 고려하여 그릴 때보다 부담이 적고 좀 더 자세하게 관찰할 수 있다. 표현하는 것 역시 자신 있게 할 수 있다. 이목구비를 크게 그리고 나면 얼굴을 그릴 때 훨씬 대담하게 표현할 수 있을 것이다. 따로 눈, 코, 입을 그린 부분들을 오려 내어 콜라주 기법으로 색지 위에 붙여 재미있는 형태의 얼굴을 만드는 유쾌하고 즐거운 시간을 가져보자.

표현하기

❶ 다양한 색상의 색지에 눈썹, 눈, 코와 입을 각각 그린 뒤에 가위로 오려 낸다.

❷ 흰색의 켄트지에 얼굴 전체와 목까지 그린 뒤에 오려 내어 바탕의 색도화지에 붙인다.

❸ 얼굴 위에 눈썹, 눈, 코, 입을 배치하고 머리 모양도 그린 뒤에 오려 내어 붙인다.

❹ 완성된 작품을 확인하며 이에 어울리는 제목이나 이름을 적어 마무리한다.

설명하기

- 콜라주 기법으로 만든 작품을 인터넷으로 찾아보며 느낀점을 말해보자.
- 눈, 코, 입 등을 각각 그린 뒤에 콜라주 기법으로 표현하면서 무엇을 느꼈는지 이야기해보자.
- 작품을 만들며 재미있었던 점이나 어려웠던 점, 궁금한 점을 함께 나눠보자.

콜라주 기법

콜라주(collage)는 화면에 종이나 사진, 신문, 잡지, 천, 나무 조각, 나뭇잎 등 다양한 재료를 붙여서 구성하는 회화 기법이다. 여러 가지 재료를 이용해서 질감이나 모양 등 각각의 특성이 나타나게 재구성하여 작품의 주제를 표현한다.

이목구비 따로 표현하기 # 콜라주 기법 # 얼굴 그리기

4-2

지점토로 얼굴 만들기

소요 시간 : 80분 필요 인원 : 1~4명

준비물 _ 켄트지, 연필, 지우개, 지점토, 물, 탁상 거울

생각하기

자기 자신의 모습을 그린 것을 '자화상'이라고 한다. 켄트지에 자신의 얼굴을 연필로 그리고 나서 그 위에 지점토를 붙여 표현한 반입체 자화상을 만들자.

거울에 비친 자신의 모습을 보면서 평면에서 표현할 때와 다르게 이목구비의 굴곡이 나타날 수 있도록 표현해보자. 펜으로 그림을 그리는 것과 다르게 말랑말랑한 지점토로 반입체적인 얼굴을 나타내며 또 다른 재미를 느낄 것이다.

표현하기

❶ 세로로 놓은 도화지에 자신의 얼굴을 그린다. 지점토로 붙일 부분을 생각하며 너무 세밀하게 표현하지 않는다.

❷ 스케치를 완성하면 수제비처럼 지점토를 얇게 뜯어 얼굴 전체에 잘 붙인다.

❸ 눈, 코, 입, 머리, 귀 등은 지점토를 길게 만들어 얼굴 위에 덧붙여 표현한다.

❹ 작품을 완성하면 종이에 이름을 적는다. 지점토가 다 굳을 때까지 하루에서 이틀 정도 말린다.

설명하기

- 연필로 자화상을 그린 것과 지점토로 표현한 것의 차이점에 대해 이야기해보자.
- 자신의 실제 얼굴과 작품을 비교하며 비슷한 점과 다른 점을 말해보자.
- 작품을 만들며 재미있었던 점이나 어려웠던 점, 궁금한 점을 함께 나눠보자.

종이에 지점토 붙이기

종이에 처음부터 덩어리의 지점토를 붙이려고 하면 잘 안 붙을 것이다. 지점토를 수제비처럼 얇게 떼어 내어 종이에 눌러 붙이고 나서 그 위에 다시 얇은 지점토를 붙이는 방식으로 해야 한다. 지점토도 여러 종류가 있으니 잘 선택하여 진행하도록 한다.

#지점토로 얼굴 만들기 #반입체 자화상 #종이에 지점토 붙이기

4-3

선으로 얼굴 그리기

소요 시간 : 80~160분 필요 인원 : 1~4명

준비물 _ OHP 투명 필름지, 네임펜, 셀로판테이프, 잡지

생각하기

아이들이 얼굴을 그릴 때 눈, 코, 입을 표현하기 어려워하는 경우가 종종 있다. 어떤 아이들은 눈을 만화처럼 크고 반짝이게 그리기도 하고, 꺾쇠(〈) 표시로 윙크하는 모습을 나타내기도 한다.

이목구비를 그리기 어렵다면 사진 위에 투명한 필름지를 대고 선을 따라 그려보자. 실제 사람 얼굴과 머릿속으로 생각하며 얼굴을 그렸을 때의 차이를 느낄 수 있을 것이다.

표현
하기

❶ 잡지에서 얼굴이 잘 나온 사진을 선택한다. 선택한 장면 위에 OHP 필름지를 대고 셀로판테이프로 고정한다.

❷ 네임펜으로 눈, 코, 입부터 따라 그린다. 그런 다음 머리카락이나 다른 부분을 관찰하며 표현한다.

❸ 반복된 무늬를 그릴 때는 잡지 사진 그대로 따라 그리도록 한다. 다만 전부 표현하지 않아도 된다.

❹ 잡지 사진을 선으로 따라 그렸다면 원하는 색으로 채색하여 작품을 완성한다.

설명
하기

- 얼굴을 그대로 그림으로 그렸을 때와 잡지 사진 위에 필름지를 대고 선으로 표현했을 때의 차이점을 이야기해보자.
- 잡지 사진을 따라 그리며 자신이 평소 그림을 그릴 때와 다른 점이 있다면 말해보자.
- 그림을 그리며 재미있었던 점이나 어려웠던 점, 궁금한 점을 함께 나눠보자.

라인 드로잉

선으로만 형태를 표현하는 드로잉 기법을 '라인 드로잉'이라고 한다. 음영 등을 넣지 않고 펜으로만 그린다. 주변의 예쁜 사진이나 잡지 사진 혹은 멋진 명화 위에 OHP 필름을 얹은 다음, 그대로 따라 그리다 보면 습관적으로 그림을 그리던 방식에서 벗어나 새로운 구도나 장면 연출을 배울 수 있을 것이다.

#선으로 얼굴 그리기 #눈, 코, 입 그리기 #라인 드로잉

4-4

사진의 나머지 반쪽 그리기

소요 시간 : 80분 필요 인원 : 1~4명

준비물 _ 잡지, 켄트지, 연필, 지우개, 풀, 가위

생각하기

잡지에서 얼굴이 나온 사진을 스크랩한다. 그런 다음 사진의 반쪽을 가리고 나머지 반을 그림으로 그려보자. 잡지 대신 아이의 사진으로 진행해도 좋다.

이 작업을 통해 대칭과 비대칭의 개념을 이해할 수 있고, 얼굴의 반을 이어 그리면서 상상력도 향상시킬 수 있다. 재미있게 작업해보자!

표현하기

❶ 얼굴이 크게 나온 잡지 사진을 스크랩한다.

❷ 사진을 세로로 반을 접어 오려 낸 후 켄트지 위에 풀로 붙인다.

❸ 사진과 종이가 만나는 부분부터 선을 연결하여 그린다. 사진과 다른 모양으로 표현해도 좋다.

❹ 배경에 그림을 더 그려서 작품을 완성한다.

설명하기

- 사진의 반을 오려 붙인 후 나머지 반을 그리며 무엇을 느꼈는지 이야기해보자.
- 전체 얼굴을 사진으로 본 것과 반쪽을 그림으로 표현한 것의 차이점에 대해 말해보자.
- 그림을 그리며 재미있었던 점이나 어려웠던 점, 궁금한 점을 함께 나눠보자.

비대칭 그리고 현실과 이상

사진 반쪽만 있으면 다양한 방법으로 전개할 수 있는 미술 활동이다. 나머지 반쪽을 그림으로 채우면서 의도적으로 비대칭을 경험할 수 있고, 현실과 이상의 차이를 배울 수 있는 매력적인 작업이 될 것이다.

참고 도서 잡지

#사진의 나머지 반쪽 그리기 #대칭 비대칭 #현실과 이상

4-5

자화상 그리기

소요 시간 : 80분 필요 인원 : 1~4명

준비물 _ A4용지, 도화지, 거울, 연필, 색연필, 지우개

생각하기

생각의 지도라는 뜻의 '마인드맵'을 그리면 핵심 단어를 중심으로 거미줄처럼 사고가 파생되고 확장되어 가는 과정을 확인할 수 있다.

마인드맵을 이용해 자신에 대해 종이에 적어보자. 글을 통해 자신이 어떤 사람인지 발견할 수 있다. 또한 거울을 보고 시각적으로 자신이 어떤 사람인지 확인해보자. 마지막으로 눈을 감고 손으로 얼굴을 만지며 촉감으로 경험해보자. 세 가지 방법으로 자신을 느껴보고 표현해보자.

표현하기

❶ 자신에 대해 마인드맵을 그린 뒤에 자신의 어떤 모습을 표현할 것인지 생각한다.

❷ 눈을 감고 손으로 자신의 얼굴을 천천히 만져본다. 눈을 뜬 후, 자신이 되고 싶은 모습을 상상하며 켄트지에 그림을 그린다.

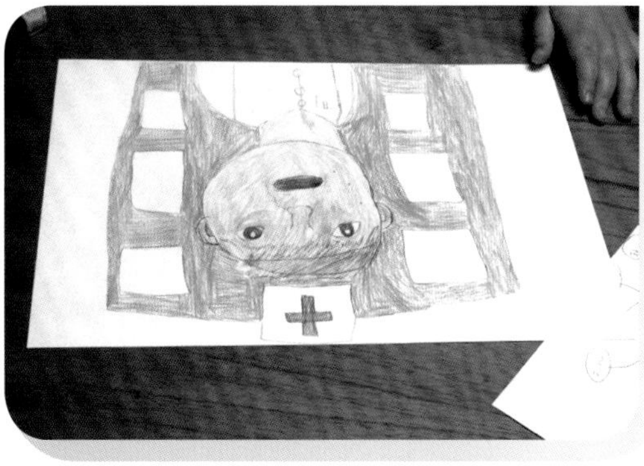

❸ 스케치를 마치면 전체적으로 그림을 확인한 뒤에 채색한다.

❹ 채색을 완성하면 외곽선을 정리하고 부족한 부분이 없는지 확인하며 마무리한다.

설명하기

- 마인드맵에 적은 단어들을 연결해 자기소개를 해보자. 그런 다음 자화상에 어떤 모습을 나타냈는지 말해보자.
- 마인드맵, 거울, 촉감의 세 가지 방법으로 자신을 살펴보며 느꼈던 점들을 이야기해보자.
- 자신의 장점에 대해서도 말해보자. 아이가 부끄러워하면 엄마가 아이의 장점에 대해 이야기해준다.

인물화의 종류

'인물화'는 사람을 주제로 그린 그림을 말한다. 특히 인물화는 얼굴과 몸, 팔, 다리 등의 신체의 비례를 생각하면서 그려야 한다. 인물화의 종류에는 자기 자신을 그리는 '자화상', 두 사람 이상을 그리는 '군상화', 특정 인물을 그리는 '초상화' 등이 있다.

#자화상 그리기 #마인드맵 #인물화의 종류

4-6

인체 드로잉하기

소요 시간 : 80분 필요 인원 : 1~4명

준비물 _ 잡지, 켄트지, 사인펜, 색연필, 연필, 지우개

생각하기

사람의 동작을 그림으로 그리는 걸 두려워하는 아이들이 있다. 관절의 구조를 잘 파악하면 몸의 움직임을 자유롭게 표현할 수 있다. 잡지에서 사람의 동작이 잘 나타난 이미지들을 스크랩한다. 잡지 사진 위에 사인펜으로 관절 부위를 표시한 뒤 다른 종이에 그대로 사람을 따라 그리자. 이렇게 하다 보면 머릿속으로 생각해서 표현하던 사람의 형태보다 더 구조적으로 안정감 있게 그림을 그릴 수 있다.

표현하기

❶ 사인펜으로 관절이 꺾이는 부분에 동그라미를 작게 그리고, 꺾이지 않는 부분에 동그라미를 길게 표시한다.

❷ 켄트지에 연필로 잡지 사진의 관절 모양을 똑같이 따라 그린다.

❸ 관절 부위를 생각하며 그린다. 선이 너무 진하면 지우개로 살짝 지운다.

❹ 색연필로 색칠하며 묘사한다. 채색을 완료하면 외곽선을 정리하고 이목구비를 선명하게 다듬은 뒤 마무리한다.

설명하기

- 관절의 구조를 생각하고 그림을 그렸을 때와 그냥 그렸을 때의 차이를 이야기해보자.
- 그림을 그리며 재미있었던 점이나 어려웠던 점, 궁금한 점을 함께 나눠보자.

구체관절 인체 인형

인형의 관절 부위를 둥글게 해서 관절이 자유롭게 움직일 수 있도록 만든 '구체관절 인형'이 있다. 원목으로 된 구체관절 인형을 이용하여 여러 동작을 연출한 다음 응용하여 그림을 그릴 수 있다. 다양한 동작을 표현하고 싶다면 하나쯤 마련해두면 좋을 것이다.

인체 드로잉하기 # 인체 관절 # 구체관절 인체 인형

4-7

머리부터 발끝까지 표현하기

소요 시간 : 80분 필요 인원 : 2~4명

준비물 _ 전지 2장, 크레파스, 파스텔, 셀로판테이프

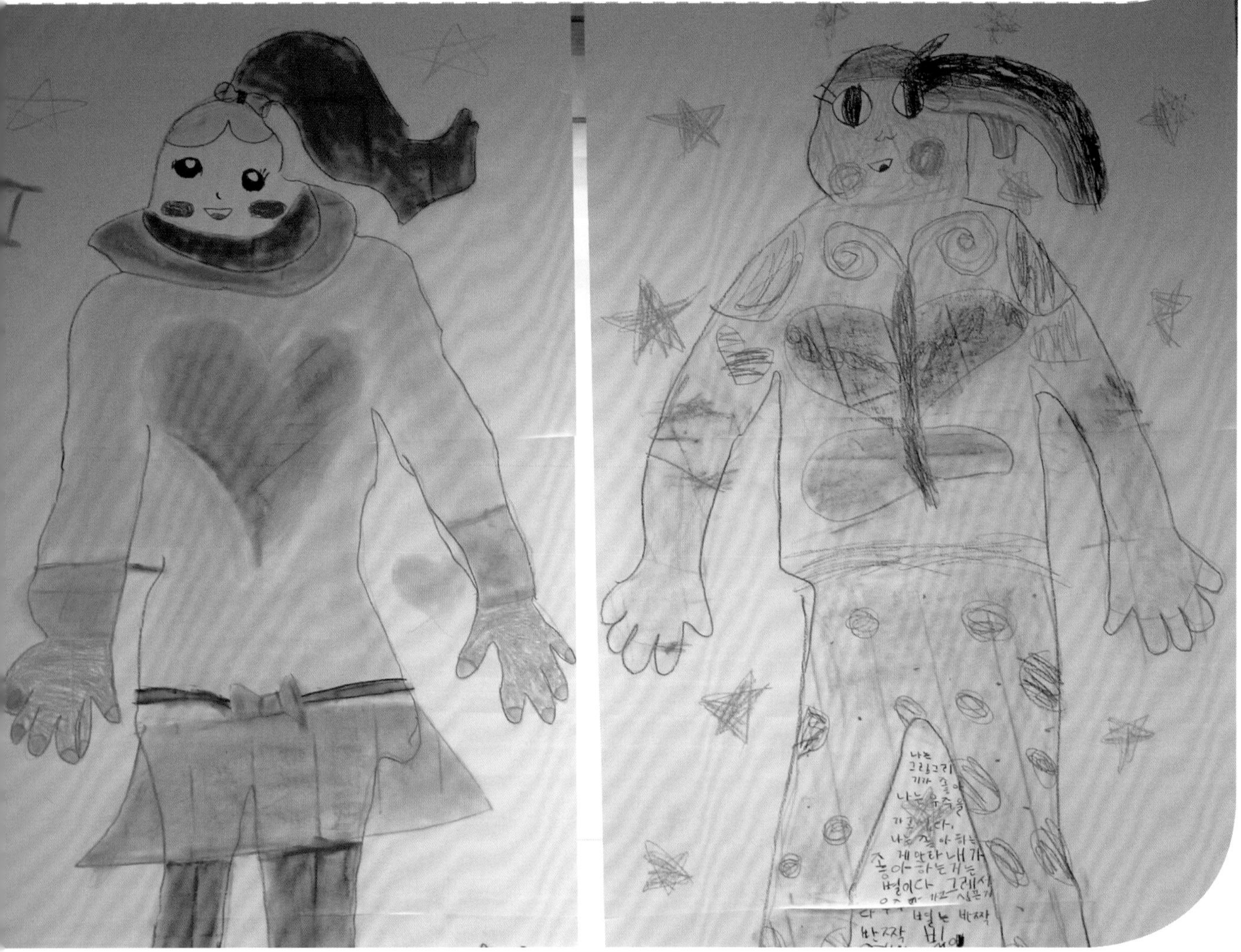

생각하기

머리부터 발끝까지 현재의 모습을 종이에 담아보자. 한 아이가 종이 위에 누운 다음, 다른 아이가 누워 있는 아이를 대고 크레파스로 그린다. 그리고 나서 얼굴과 몸을 색칠한다. 특히 몸을 칠할 때 자신의 마음을 다양한 색과 모양으로 나타내보자.

아이들은 대형 작업을 경험함으로써 자유롭게 표현하는 방법도 배울 수 있다. 실제 크기의 자신을 마주 보며 내면을 여러 가지 색으로 나타내면서 자신을 돌아보고 자신이 어떤 사람인지 생각하는 시간도 가질 수 있다.

표현하기

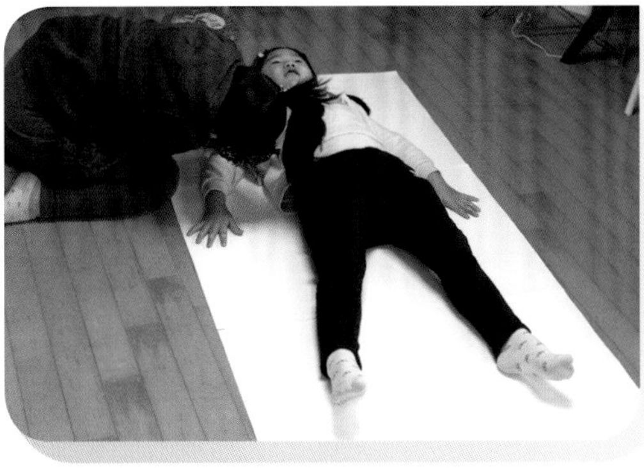

❶ 종이 위에 한 아이가 눕고 다른 아이가 외곽선을 따라 노란색 크레파스로 그린다.

❷ 누워 있던 아이는 일어나 전체 외곽선을 확인한 뒤에 얼굴부터 표현한다.

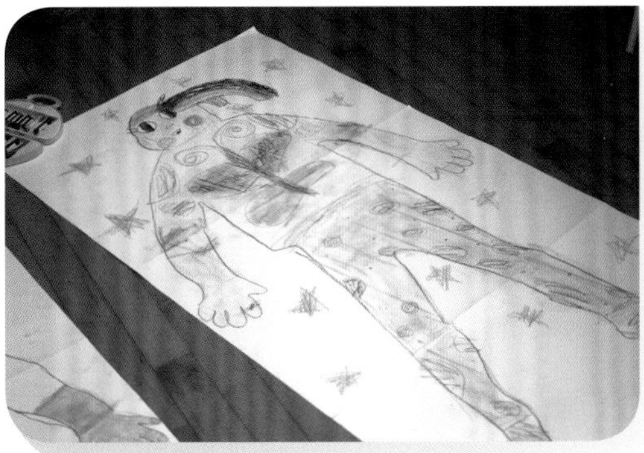

❸ 몸 부분은 원하는 색이나 마음의 상태를 나타낸다. 마음을 형상화하거나 꿈을 그려도 좋다.

❹ 그림을 다 그리면 여백에 떠오르는 이미지를 그리거나 이야기를 적고 마무리한다.

설명하기

- 자신을 실제 크기로 그리면서 무엇을 느꼈는지 이야기해보자.
- 몸을 표현하며 어떤 마음이 들었는지 속마음이나 꿈에 대해 말해보자.
- 그림을 그리며 재미있었던 점이나 어려웠던 점, 궁금한 점을 함께 나눠보자.

대형 작업의 즐거움

큰 종이에 그림을 그리려면 표현하기 위해 몸의 움직임도 커질 수밖에 없다. 아이들의 성향에 따라 작은 종이로 작업할 때 드러내지 않았던 의외의 잠재력을 발견하는 시간이 되기도 한다. 다양한 크기의 종이로 미술 활동을 경험하는 시간을 가졌으면 한다.

#전신그리기 #전지드로잉 #대형작업의즐거움

4 얼굴을 다양하게 표현하자

4-1 눈, 코, 입 따로 표현하기

김시윤 작품

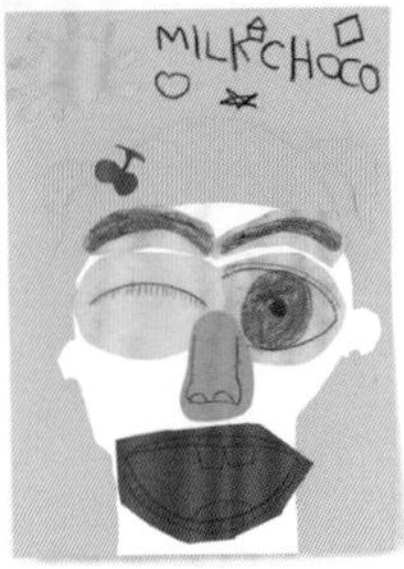

박서윤 작품

안예빈 작품

TIP 사람이 아닌 동물의 눈, 코, 입을 따로 표현해보자.

4-2 지점토로 얼굴 만들기

강민서 작품

배재원 작품

배주완 작품

장윤서 작품

TIP 완성한 자화상이 마르면 아크릴 물감으로 채색한 뒤에 바니쉬를 발라보자.

4-3 선으로 얼굴 그리기

김시윤 작품

김연서 작품

박서윤 작품

안예빈 작품

TIP

잡지 사진을 오려 내어 다양하게 조합하여 콜라주한 뒤 OHP 필름을 붙이고 그 위에 라인 드로잉으로 표현해보자.

4-4 사진의 나머지 반쪽 그리기

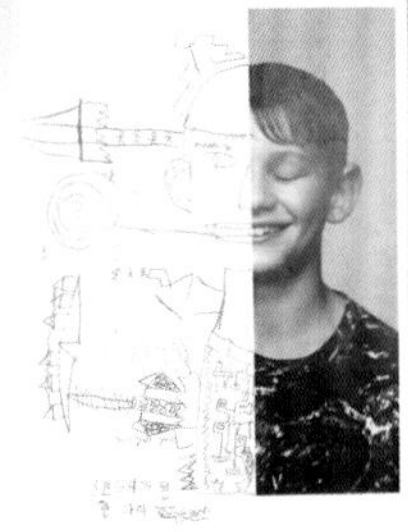

배재원 작품

장윤서 작품

TIP

드로잉한 부분을 채색하여 완성해보자. 혹은 OHP 필름을 이용해 잡지 사진의 반만 라인드로잉으로 따라 그리고 나머지 반은 상상하여 그려보자.

4-5 자화상 그리기

강민서 작품

김시윤 작품

김연서 작품

박서윤 작품

TIP

저학년은 크레파스를 사용하고, 고학년은 연필 소묘 등 나이에 따라 여러 가지 방법으로 시도해보자.

4-6 인체 드로잉하기

배재원 작품

장윤서 작품

TIP

달리기나 댄스처럼 다양한 움직임을 표현할 수 있는 주제를 정해 적용하여 그려보자.

4-7 머리부터 발끝까지 표현하기

김연서 작품

박서윤 작품

TIP

실제 크기로 종이를 오려 낸 뒤에 신나고 재밌게 색칠하자.

교과서 연계

모든 부모의 걱정거리 가운데 하나가 바로 우리 아이 교육 문제일 것입니다. 처음에는 내 아이와 아이의 친구들을 위해 미술 수업을 시작했는데, 이렇게 책을 만들며 교과서를 찾다 보니 모든 파트가 교과서와 연계되는 부분을 발견할 수 있었습니다. 동아출판과 천재교과서를 참고하여 보았고, 다음과 같이 연계된 부분을 정리하였으니 참고하셔도 좋을 것입니다.

4. 얼굴을 다양하게 표현하자

어느 특정 인물의 얼굴이나 모습을 그린 그림을 '초상화'라고 합니다. 사진기가 나오기 전까지 조각상이나 초상화를 많이 남겼습니다. 그중에서 작가 자신을 모델로 한 것을 '자화상'이라 합니다. 초상화의 종류로는 전신 · 흉부 등 신체의 표현 부분으로 구별하기도 하고, 단신상 · 군상 등 인원수로 나누기도 합니다.
파트4에서는 일반적인 방법으로 얼굴을 표현하는 것이 아니라 창의적인 방법으로 재밌게 구성했습니다. 입체의 얼굴을 평면인 도화지에 그리기 어려워하는 아이들에게 안성맞춤의 해결책을 보여줄 것입니다.

4-1 눈, 코, 입 따로 표현하기

3학년 1학기 새롭게 관찰하기(심화) 6 다르게 보기
6학년 1학기 07 관찰의 세계로(기초) 우리들의 모습을 표현해요

4-2 지점토로 얼굴 만들기

5학년 1학기 01 미술로 만나는 새로운 세계(심화) 나에 대한 느낌과 생각
6학년 1학기 08 만들기 나라로(심화) 붙이고 깎는 표현의 세계

4-3 선으로 얼굴 그리기

6학년 1학기 07 관찰의 세계로(기초) 우리들의 모습을 표현해요

4-4 사진의 나머지 반쪽 그리기

5학년 1학기 01 미술로 만나는 새로운 세계(심화) 나에 대한 느낌과 생각

4-5 자화상 그리기

3학년 1학기 함께하는 마음(기초) 1 나, 너, 우리 함께
6학년 1학기 07 관찰의 세계로(기초) 우리들의 모습을 표현해요

4-6 인체 드로잉하기

6학년 1학기 07 관찰의 세계로(기초) 우리들의 모습을 표현해요

4-7 머리부터 발끝까지 표현하기

3학년 1학기 함께하는 마음(심화) 2 우리의 공간 꾸미기
5학년 1학기 01 미술로 만나는 새로운 세계(심화) 나에 대한 느낌과 생각

5 드로잉을 하자

채색을 쓰지 않고 주로 선으로 그리는 회화표현을 '드로잉'이라고 합니다. 완성하기까지 순간적인 아이디어나 대상을 관찰하여 이뤄내는 방법인 만큼 그 시간 동안 집중력을 강하게 필요로 합니다. 아이들의 미술 활동에 있어서 관찰력과 판단력을 가장 높일 수 있는 훌륭한 시간이기도 합니다. 요즘은 성인들이 그림을 배울 때 드로잉부터 하는 경우가 많습니다. 어찌 보면 미술의 가장 뼈대라거나 원론적인 이야기가 될 수도 있습니다. 초등학생의 창의 미술에 있어서 채색재료를 다루는 것은 중요하고 정통한 방법입니다.

하지만 융합시대를 살아가는 아이들에게 창의성을 강조하는 교육 방법론이 다양하게 제시되고 있는 요즘, 아이들 또한 드로잉을 통해 다양한 접근과 시도를 할 수 있다면 미술 활동에 도움이 될 것입니다. 이러한 판단으로 드로잉 파트를 가장 마지막에 넣었습니다.

드로잉을 하다 보면 선을 바르게 그리려고 하는 아이들이 있습니다. 선을 잘못 그려도 지우지 않고 겹쳐서 그리는 것이 그림을 그릴 때 느끼는 두려움을 이겨내는 습관을 만들 수 있습니다. 또한 선을 깔끔하게 그리는 것에 집착하지 않으면 선의 방향과 결, 강조하고 싶은 부분에 따라 힘의 강약을 조절하게 되어 더욱 능숙하게 그림을 표현할 수 있습니다.

기존의 그림을 보고 따라 그림을 그리는 습관이 생기면 눈앞의 대상을 눈으로 관찰하여 표현하기보다는 머리로 알고 있는 정보를 손으로 그려내는 오류를 범하기 쉽습니다. 주변에서 좋아하는 대상을 찾아 마음에 드는 재료로 자주 드로잉해 보시길 바랍니다. 물론 처음엔 뜻대로 잘 그려지지 않을 것입니다. 드로잉에는 매번 엄격한 판단을 하기보다 매일 산책하듯 그저 자주 손을 쓰는 것에 만족하고 종종 그렸으면 합니다.

자, 이제 드로잉을 해볼까요!

5-1

두들 드로잉하기

소요 시간 : 80분　필요 인원 : 1~4명

준비물 _ 전지 켄트지, 24색 매직펜

생각하기

키스 해링, 장 미쉘 바스키아 그리고 현존하는 미스터 두들(Mr. Doodle)의 작품을 인터넷을 통해 찾아보자. 선과 선을 연결하여 면을 만들고, 만든 면에 상상력을 더하여 다양한 그림을 그려보자.

공동 작업을 통해 배려와 존중에 대해 배울 수 있고, 그림 그리는 것을 놀이처럼 경험하는 과정에서 잘 그려야 한다는 부담을 내려놓을 수 있다.

표현하기

❶ 매직펜으로 선이 끊기지 않게 그린다. 선끼리 겹치면 면이 생긴다. 그 안에 연상되는 것들을 그려 넣자.

❷ 면 하나에 눈, 코, 입을 자유롭게 그리자. 하나의 면에 얼굴을 표현했다면 손과 발, 머리카락도 함께 그린다.

❸ 서로 각자의 그림을 존중하며 그림을 그리도록 한다. 그림 사이에 글을 써도 된다. 원하는 것을 마음껏 표현하자.

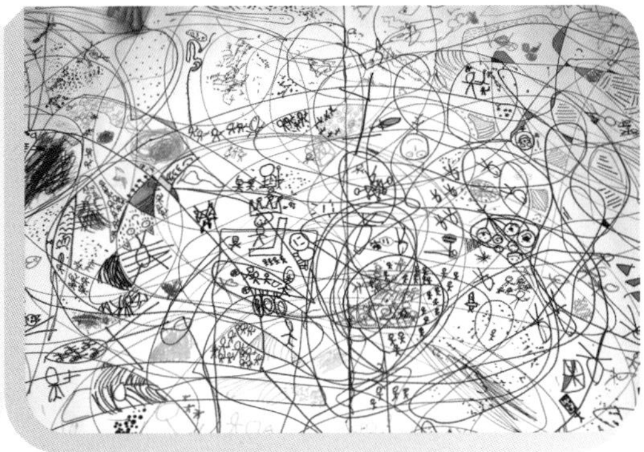

❹ 완성된 그림 오른쪽 하단에 네임펜으로 이름 혹은 사인을 하고 마무리한다.

설명하기

- 키스 해링, 장 미쉘 바스키아, 미스터 두들의 작품을 찾아 보고 무엇을 느꼈는지 이야기해보자.
- 자신이 표현하고 싶었던 것에 대해 설명하고, 공동 작업으로 만든 작품에서 자신의 주제가 잘 드러났는지 말해보자.
- 공동으로 그림을 그리며 재미있었던 점이나 어려웠던 점, 궁금한 점을 함께 나눠보자.

면(面)

점과 선이 모여 발전되면 '면'을 만든다. 점과 선이 어떤 방식으로 만나는지에 따라 평면, 곡면 등 다양한 면을 만들 수 있다. 이렇게 만들어진 면은 길이와 넓이를 갖게 되고, 면에 색채 효과를 주어 공간이나 입체의 느낌으로 나타낼 수 있다.

#두들 드로잉하기 #미스터 두들 #공동 작업

5-2

지우개를 쓰지 않고 그리기

소요 시간 : 80분　필요 인원 : 1~4명

준비물 _ 켄트지, H연필, 다양한 종류의 병

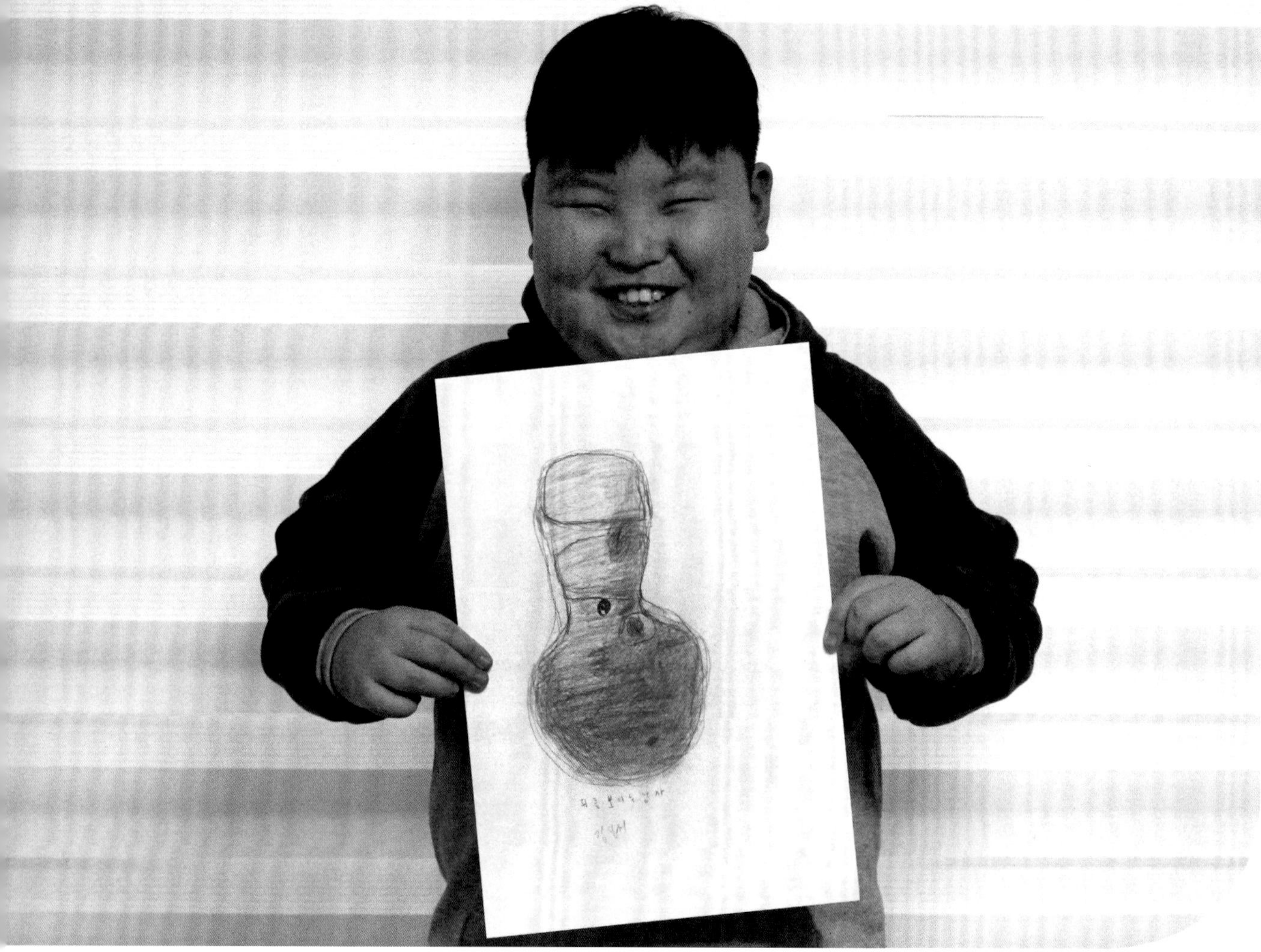

생각하기

한 시간 동안 지우개를 쓰지 않고 연필로만 드로잉하면 대상을 열심히 관찰한 흔적이 종이에 남는다. 선을 잘못 그려도 지우개로 지우지 않고 그 위 혹은 옆에 겹쳐 그리자. 이렇게 하면 드로잉에 익숙해지기 쉽다.

선을 깔끔하고 정확하게 그리는 것에 집착하지 말고 선의 방향성과 결, 강조하고 싶은 부분에 따라 힘의 강약을 조절하자. 자신의 관념이나 습관을 버리고 오직 눈앞의 대상을 관찰하며 표현해보자.

표현 하기

❶ 다양한 종류의 병을 놓고 마음에 드는 하나를 선택하여 그린다. 단, 지우개는 쓰지 않는다.

❷ 눈으로 병을 관찰하며 그린다. 선을 잘못 그렸다면 그 선 옆에 바르게 선을 그린다.

❸ 스케치를 마쳤다면 명암을 나타낸다. 어두움은 옅은 선을 여러 번 칠해 표현한다.

❹ 그림을 완성하면 전체적으로 다시 살펴보고 나서 제목, 날짜와 사인을 하고 마무리한다.

설명 하기

- 그림을 그리면서 지우개를 사용할 때와 사용하지 않았을 때의 차이점에 대해 이야기해보자.
- 그림을 그리며 재미있었던 점이나 어려웠던 점, 궁금한 점을 함께 나눠보자.

드로잉의 시작

화가는 르네상스 시대에 들어서 비로소 창작 활동을 하는 예술가로 인정 받았다. 또한 작품을 완성하기 위한 구상과 습작, 밑그림 등의 개념과 함께 작품의 준비 과정을 말하는 '데생(dessin)'이라는 단어가 사용되었다. 데생은 또 다른 말로 '드로잉(drawing)', '소묘(素描)'라고 한다.

지우개 쓰지 않고 그리기 # 드로잉 # 드로잉의 시작

5-3

지우개를 쓰지 않고 엄마 그리기

소요 시간 : 80분　필요 인원 : 2명

준비물 _ 8절 켄트지, H연필

생각하기

아이의 초상화 모델로 엄마를 선택한 이유는 서로 바라보며 관찰하는 시간을 갖길 바랐기 때문이다. 엄마를 그리는 동안 함께 지내면서도 미처 보지 못 했던 면을 발견할 수 있고, 행복했던 시간들을 떠올리거나 엄마한테 원하는 것들을 생각할 수 있다. 섭섭했던 일이나 아쉬웠던 것들은 모두 잊고 서로 이해할 수 있는 시간이 되길 희망한다.

표현하기

❶ 엄마는 의자에 앉아 한 시간 동안 지속할 수 있는 편안한 자세로 아이를 바라본다.

❷ 옅은 심의 H연필로 그림을 그린다. 처음부터 너무 강한 선으로 그리지 않는다.

❸ 그림을 그린 뒤 연필심으로 명암을 표현한다. 어두운 부분은 선을 여러 번 중첩하여 진하게 나타낸다.

❹ 그림을 완성하면 엄마에 대한 짧은 글을 여백에 적으며 마무리한다.

설명하기

- 엄마를 그리면서 어떤 생각이 들었는지 이야기해보자.
- 아이의 그림을 평가하거나 비난하기보다 엄마를 위해 최선을 다해 그린 것을 칭찬해주자.
- 엄마도 한 시간 동안 모델을 하며 어떤 생각이 들었는지 말해준다.

드로잉의 목적

드로잉은 그리는 목적에 따라 첫째 인상의 파악, 세부 기록 등의 계획이나 착상의 전개를 위한 '스케치(크로키)', 둘째 운동감 · 명암법 · 해부학 등 완성작의 세부 또는 전체의 구도를 뚜렷하게 나타내기 위한 '습작,' 셋째 벽화나 태피스트리 등의 원작을 만들기 위한 '밑그림(카르통)', 넷째 독립된 완성 작품으로 구별된다.

지우개를 쓰지 않고 엄마 그리기 # 드로잉의 목적 # 엄마 드로잉하기

5-4

블록을 이용해 드로잉하기

소요 시간 : 80분　필요 인원 : 1~4명

준비물 _ 켄트지, 연필, 색연필, 사인펜, 블록 장난감

생각하기

집에서 아이들이 자주 가지고 노는 블록 장난감으로도 드로잉을 해보자. 블록을 3차원의 공간에서 쌓아올리면서 여러 가지 모습으로 만들 수 있다. 3차원의 블록 작품을 바라보며 2차원의 평면인 켄트지에 드로잉을 한다. 똑같이 따라 그리기 어렵다면 설계도처럼 명암 없이 선으로만 그려도 괜찮다. 블록을 바라보고 주제를 도출하여 그림으로 표현해보자.

표현하기

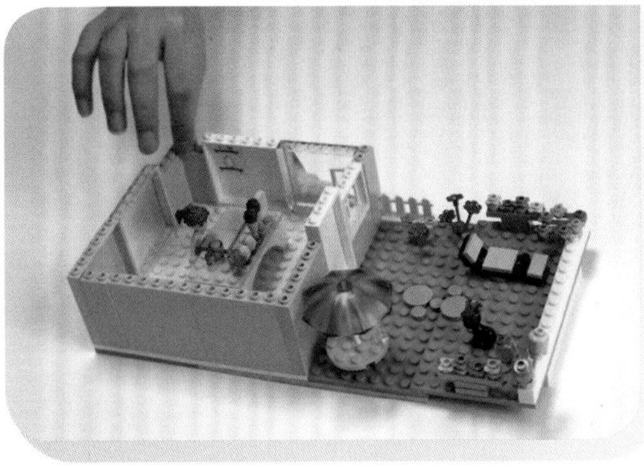

❶ 블록으로 원하는 조형물을 만든다. 전체 소요 시간을 고려하여 만드는데 15~20분을 초과하지 않도록 한다.

❷ 아이가 만든 블록을 바라보며 어떤 주제로 드로잉을 할 것인지 이야기한다.

❸ 주제에 관련하여 다양한 형식으로 드로잉한다. 그림이나 시화, 설계도 형식도 가능하다.

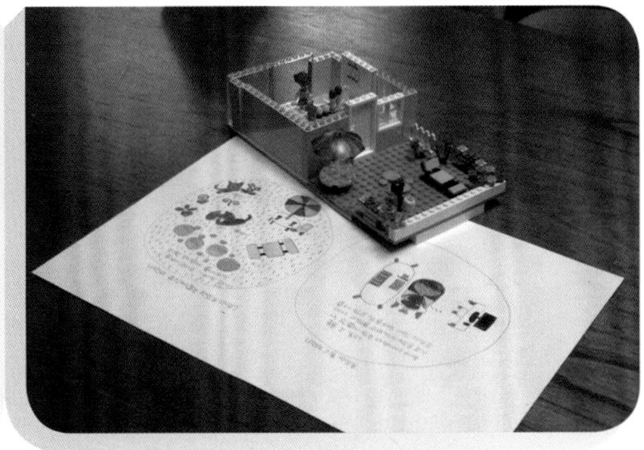

❹ 드로잉을 완성한 후 부족한 부분은 없는지 확인한다. 보완 수정을 거쳐 마무리한다.

설명하기

- 블록으로 어떤 작품을 만들었는지 이야기해보자.
- 블록으로 표현한 작품을 그림으로 그리며 무엇을 느꼈는지 말해보자.
- 작품을 만들며 재미있었던 점이나 어려웠던 점, 궁금한 점을 함께 나눠보자.

형(形)

사람이 사물을 볼 때 사물의 모양을 지각하게 되는데, 사물을 둘러싸고 있는 윤곽이 바로 사물의 모양이다. '면'은 선들이 누적되어 둘러싸인 내부를 말하고, 이때 면의 경계를 이루는 윤곽선으로 인해 지각되는 모양이 바로 '형'이다.

블록 쌓기 # 작품 드로잉 # 주제 찾기

5-5

감정을 드로잉하기

소요 시간 : 80분 필요 인원 : 1~4명

준비물 _ 8절 켄트지, 색종이, 가위, 풀, 연필, 색연필, 사인펜, 견출지, 공병

생각하기

가끔은 아이가 그림을 그리기 어려울 정도로 화가 나 있거나 슬퍼서 울고 있을 때가 있다. 이럴 때도 미술 활동을 할 수 있다. 분노를 미술 작품으로 표현하자.

추상적인 감정을 다양한 형태로 구성하면서 그 과정을 통해 분노를 에너지로 분출할 수 있다. 아이를 통제하기 어려울 때 적용하면 좋다.

표현하기

아이의 감정이 격해있을 때 넘치는 감정을 아래의 세 가지 방법으로 표현하자.

1) 분노의 드로잉:

❶ 종이에 자유롭게 그림을 그린다.

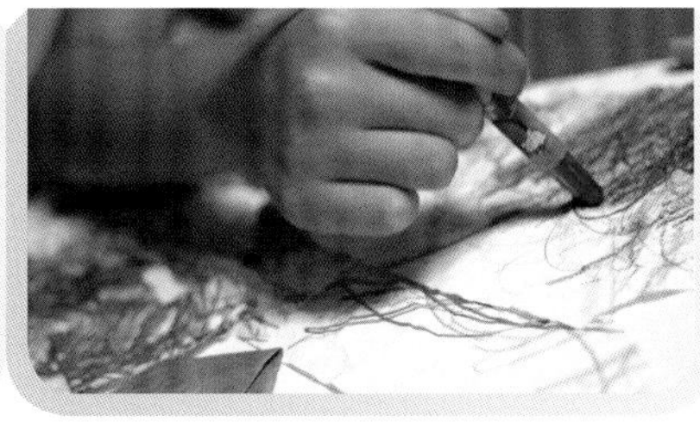

❷ 화가 난 만큼 표현한다.

❸ 추상적인 감정을 시각화하는 작업이므로 느끼는 데로 작업한다.

2) 분노 세포 만들기:

❶ 몸속에 있는 화난 감정 세포를 상상하며 종이를 찢는다.

❷ 완성된 세포는 집에 있는 지퍼백이나 빈 병에 담는다.

❸ 견출지에 작업한 날짜와 시간, 이름 등을 적어 지퍼백이나 병에 붙인다.

3) 분노 캐릭터 그리기:

❶ 추상적인 분노 감정을 만화 캐릭터나 의인화해서 그린다.

❷ 가볍게 선으로만 그린 캐릭터로 마무리해도 되고 세심하게 표현해도 좋다.

❸ 그림을 다 그린 뒤에 이름, 성별, 나이, 사는 곳 등을 설정하여 적는다.

설명하기

- 감정을 드로잉하기 전과 후의 차이점을 함께 이야기해보자
- 각각의 작업을 진행하며 감정이 어떻게 바뀌었는지 말해보자.
- 아이의 마음이 한결 나아졌다면 격려해주며 작업을 마무리한다.

#감정을 드로잉하기 #분노의 드로잉 #분노 세포 만들기 #분노 캐릭터 그리기

5-6

좋아하는 사물을 그리고 짧은 글짓기

소요 시간 : 80분 필요 인원 : 1~4명

준비물 _ 켄트지, 연필, 색연필, 지우개

생각하기

무엇을 그릴지 고민될 때 가볍게 진행할 수 있는 미술 활동이다. 아이가 좋아하는 물건들 중 하나를 선택하여, 정해진 시간 안에 드로잉을 하게 한다. 그림을 그린 뒤에 사물에 관련된 짧은 글이나 시를 짓고 그림에 어울리게 배치해보자.

아이들은 정해진 시간 안에 그림을 그려야 하기 때문에 대상을 집중해서 관찰하는 능력을 기를 수 있다. 또한 좋아하는 물건에 대해 글을 쓰면서 논리적으로 사고하는 힘을 키울 수 있다.

표현하기

❶ 좋아하는 물건을 선택한다. 켄트지에 H연필로 대상의 크기를 어림잡아 스케치한다.

❷ 전체적인 외곽선을 나타내고 나서 대상을 세심하게 관찰하며 내부를 그린다.

❸ 그림을 완성하면 멀리 떨어져서 부족한 부분은 없는지 확인하고 수정한다.

❹ 그림을 완성한 뒤에 그림과 어울리는 글을 적는다.

설명하기

- 선택한 물건을 좋아하는 이유에 대해 이야기해보자.
- 그림만 그릴 때와 그림을 그리고 글을 함께 표현한 것의 차이점을 이야기해보자.
- 작품을 만들며 재미있었던 점이나 어려웠던 점, 궁금한 점을 함께 나눠보자.

드로잉의 범위

드로잉은 대상을 관찰하고 표현하기 위한 미술의 기초 훈련 과정이면서 작품을 위한 구상과 밑그림으로 사용된다. 또한 그 자체로써 완성된 회화 작품이 되기도 한다. 디지털 매체의 등장으로 창작의 개념과 방법이 다양하게 변화하는 현재에도 드로잉은 여전히 큰 역할과 부분을 차지하고 있다.

좋아하는 사물을 그리고 짧은 글짓기 # 사물 드로잉 # 드로잉의 범위

5-7

그림으로 끝말잇기

소요 시간 : 80분　필요 인원 : 2~4명

준비물 _ 켄트지, 사인펜, 연필, 지우개, 셀로판테이프

생각하기

그림으로 끝말잇기를 하자. 여러 사람이 가벼운 마음으로 함께 즐길 수 있는 게임이면서 미술 활동이다.

짧은 시간 동안 단어를 그림으로 표현해야 하므로 순발력과 직관력을 기를 수 있다. 친구들과 그림으로 끝말잇기를 하다 보면 서로의 그림을 보는 재미와 함께 드로잉에 대해서도 자신감이 생길 것이다.

표현하기

❶ 켄트지를 반으로 접은 후 자른다. 두 장을 셀로판테이프로 붙여 연결한다. 지그재그로 접어 책처럼 만든다.

❷ 친구들과 함께 순서와 규칙을 정한다. 떠오르는 단어들을 그림으로 표현한다.

❸ 사인펜으로 그림을 그린다. 수정하지 않고 그대로 진행한다. 해당 단어는 뒷면에 쓴다.

❹ 끝말잇기를 그리다가 이어갈 게 없을 경우에 '…'을 쓰거나 폭탄을 그리는 등, 벌칙에 걸린 표현을 하고 다시 시작한다.

설명하기

- 그림으로 표현하기 어려운 것과 쉬운 것에 대해 각각 말해보자.
- 누구의 그림이 가장 창의적이었는지, 왜 그렇게 생각하는지 이야기해보자.
- 그림으로 끝말잇기를 하며 재미있었던 점이나 어려웠던 점, 궁금한 점을 함께 나눠보자.

또 다른 놀이 방법

책처럼 만들어 끝말잇기를 하는 것에 부담을 느낀다면 연습장이나 종이에 각 단어를 그림으로 그리고 화살표로 표시하며 진행해도 된다. 전체적으로 드로잉이 화살표를 따라가며 이어지는 재미있는 결과를 볼 수 있다.

#그림으로 끝말잇기 #미술 놀이 #드로잉

5 드로잉을 하자

5-1 두들 드로잉하기

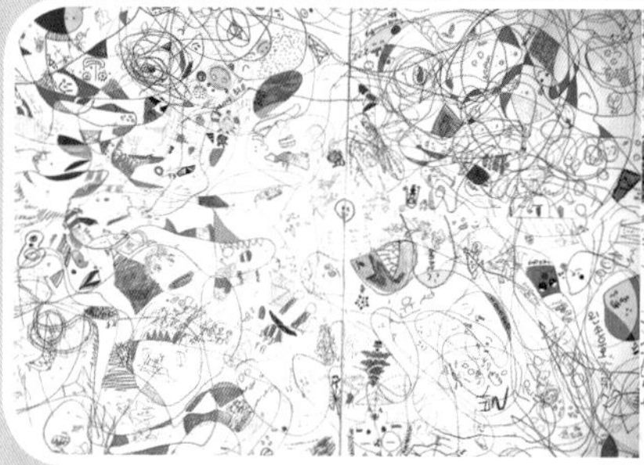

강민서, 배재원, 배주완, 안예은,
안예빈, 장윤서 작품

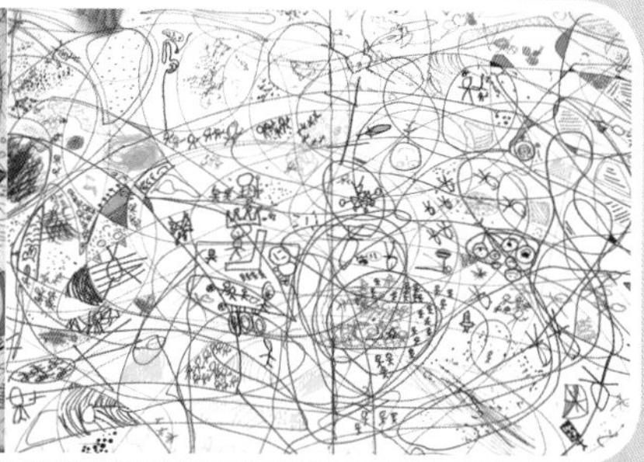

배성호, 배수민, 심지훈, 심지석 작품

TIP
검은색 전지에 흰색 펜으로 두들 드로잉을 해보자.

5-2 지우개를 쓰지 않고 그리기

강민서 작품

김주애 작품

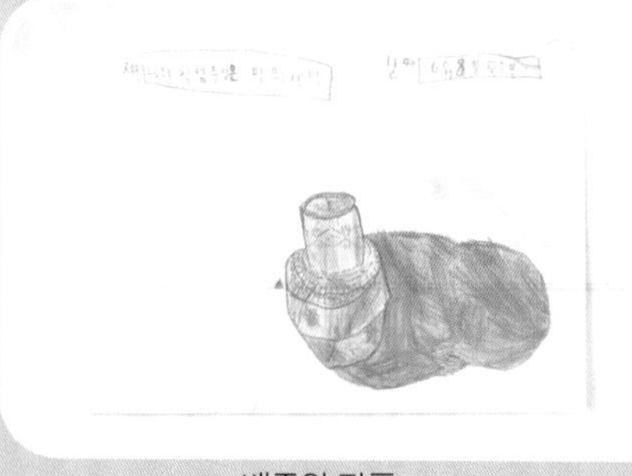

배주완 작품

장윤서 작품

TIP
컵처럼 단순한 다른 사물도 그려보자. 대상을 바라보며 느껴지는 감정을 떠올리며 그리자.

5-3 지우개를 쓰지 않고 엄마 그리기

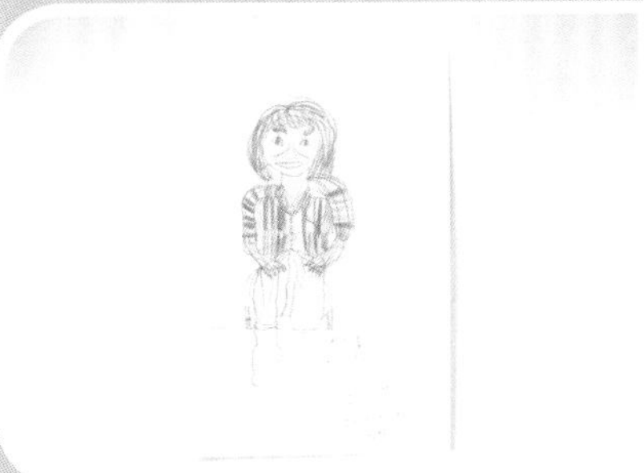

강민서 작품

김서영 작품

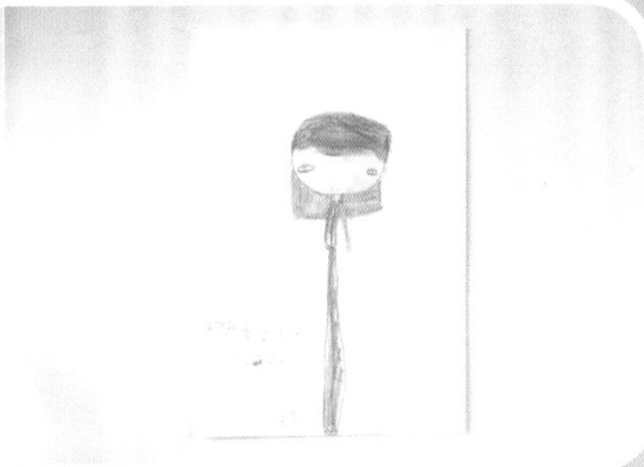

김은조 작품

배재원 작품

배주완 작품

심지석 작품

오시현 작품

이유진 작품

TIP

엄마 외의 다른 가족들이나 친구를 대상으로 그려보자.

5-4 블록을 이용해 드로잉하기

배주완 작품

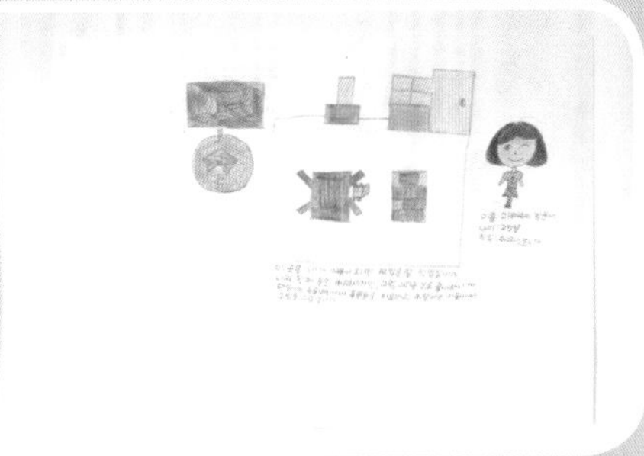

장윤서 작품

TIP

블록뿐만 아니라 다른 소재로 작품을 만든 것이 있다면 그것을 드로잉해보자.

5-5 감정을 드로잉하기

분노의 드로잉

배주완 작품

장윤서 작품

분노세포 만들기

배주완 작품

장윤서 작품

분노캐릭터 만들기

배주완 작품

장윤서 작품

TIP

분노의 감정 이외에도 기쁨이나 슬픔, 놀라움 등의 감정도 표현해보자.

5-6 좋아하는 사물을 그리고 짧은 글짓기

강민서 작품

김다봄 작품

배재원 작품

안예은 작품

TIP

좋아하는 물건들을 그리고 글을 적어 그림책을 만들어보자.

5-7 그림으로 끝말잇기

박윤 작품

장윤서 작품

TIP

한글의 가나다 순서로 생각나는 단어들을 그려보자.

교과서 연계

모든 부모의 걱정거리 가운데 하나가 바로 우리 아이 교육 문제일 것입니다. 처음에는 내 아이와 아이의 친구들을 위해 미술 수업을 시작했는데, 이렇게 책을 만들며 교과서를 찾다 보니 모든 파트가 교과서와 연계되는 부분을 발견할 수 있었습니다. 동아출판과 천재교과서를 참고하여 보았고, 다음과 같이 연계된 부분을 정리하였으니 참고하셔도 좋을 것입니다.

5. 드로잉을 하자

드로잉은 오래전부터 화가의 예비적 습작이나 밑그림으로 실제 작품을 만들기 전의 과정으로 생각했습니다. 하지만 오늘날에는 다양한 시각으로 자유롭게 화가의 생각이나 느낌을 표현하는 방법으로 해석하며 하나의 독립된 회화표현으로 보고 있습니다.
미술에서 가장 기초가 되는 드로잉 수업을 가장 늦게 진행한 이유로는 일반적인 미술학원에서 경험할 수 없는, 여러 가지 방법으로 관찰하며 기록하는 시간을 경험하도록 구성했다. 놀이처럼 드로잉을 즐기길 바랍니다.

5-1 두들 드로잉하기

5학년 1학기 03 상상의 세계로(심화) 새로운 표현 방법으로

5-2 지우개를 쓰지 않고 그리기

5학년 2학기 04 표현의 나라로(기초) 다양한 재료의 느낌을 살려 그려요

5-3 지우개를 쓰지 않고 엄마 그리기

5학년 2학기 04 표현의 나라로(기초) 다양한 재료의 느낌을 살려 그려요

6학년 1학기 07 관찰의 세계로(기초) 우리들의 모습을 표현해요

5-4 블록을 이용해 드로잉하기

6학년 1학기 08 만들기 나라로(심화) 환경과 하나 되는 건축

5-5 감정을 드로잉하기

5학년 1학기 01 미술로 만나는 새로운 세계(심화) 나에 대한 느낌과 생각

5-6 좋아하는 사물을 그리고 짧은 글짓기

5학년 1학기 01 미술로 만나는 새로운 세계(심화) 나에 대한 느낌과 생각

5-7 그림으로 끝말잇기

4학년 2학기 함께하는 세상(심화) 20 다 함께 놀자

6학년 2학기 09 소통의 세계로(심화) 말하지 않아도 알 수 있어요

이 책을 마감하며

그림을 그리면 분명히 아이가 가진 아름다움과 표현이 보여서 작품 그대로 괜찮다는 것을 아이의 부모님도 알아주셨으면 하는 마음이 있었습니다. 아이들과는 풍요로운 시간을 만들면서도 정작 부모님들께 그만큼 전하지 못하는 아쉬움도 있었습니다. 짧은 시간 동안 이 모든 맥락을 설명하기엔 너무 원론적인 이야기 같아 받아들여 지지 않는 느낌도 들었습니다. 그렇지만 하고 싶은 말은 하나였던 것 같습니다.

아이의 있는 그대로를 바라보고 인정하고 사랑하는 시간을 갖는 것만으로도 아이의 자존감을 높일 수 있다는 것, 그리고 그것이 미술로 가능하다는 것을 보여드리고 싶었습니다. 열정과 용기만 있을 뿐 다듬어지지 않았던 이야기를 다듬고 다듬어 책으로 만들면서 함께 믿어주시고 응원해주신 모든 분께 깊이 감사드립니다. 많이 부족하지만 살아가는 모습을 있는 그대로 봐주시고 믿고 천천히 이끌어주신 분들이 있었기에 가능한 일이었다고 생각합니다.

큰 사랑을 주셨던 외할머니와 용감하게 자립할 수 있게 키워주시고 응원해주신 부모님, 시부모님 그리고 결혼 전부터 '당신은 (유명) 작가가 될 거야.'라고 밑도 끝도 없이 믿어준 남편께 감사합니다. 아이들의 참여와 미술 수업에 동의하고 집으로 보내주신 다정한 이웃님들과 아이들의 부모님들께 감사합니다. 저의 미술 수업을 신뢰해주시고 두서없던 이야기를 차근차근 정리하여 결을 잃지 않도록 이끌어주신 심미정 편집자님과 서재필 대표님께 깊은 감사를 전합니다. 무엇보다 제일 용감하고 아름답게 자기만의 세계를 보여준 어린이 친구들과 태어나줘서 고마운 딸에게 감사합니다. 아이들의 그림을 바라보았던 시간은 매번 그 아이의 우주로 초대받는 기분이 들어 오히려 제가 선물을 받는 기분이었고 반짝거리는 시간이었습니다.

이 책을 만나는 아이들과 부모님들이 '자존감'이라는 단어 하나는 꼭 기억해주시길 바랍니다. 그래서 언제 어디서나 결과에 매이지 않는 마음으로 미술 하는 즐거운 일상을 누리시길 기대해 봅니다. 앞으로도 많은 사람들이 공감할 수 있는 다양하고 재미있는 미술 이야기를 전할 수 있길 희망합니다.

감사합니다.

저자 임은지

마인드빌딩의 한마디

자존감 초등미술의 시작

취미로 사진을 배우며 우연한 기회에 일러스트레이터와 협업으로 작업을 한 적이 있습니다. 그때 처음으로 임은지 작가를 만났고 함께 작품을 만들어 전시하는 기쁨을 공유했습니다. 그 이후로도 종종 연락하고 지내다 우연히 댁에 놀러갔을 때였습니다. 때마침 초등학교 저학년 아이들과 미술 수업을 하고 있더군요. 먼저 아이들에게 그날 작업할 내용을 간단히 설명한 다음 관련된 것들을 함께 인터넷을 통해 찾아보며 이야기 나누는 모습을 보았습니다. 아이들이 이해하기 쉽게 아이들의 눈높이에서 설명도 하고 호기심을 불러일으키도록 다양하게 질문하는 모습도 보았습니다.

그러고는 옥상에 올라가 아이들과 그림을 그리기 시작했습니다. 저에게도 도화지를 주시겠다고 했지만 아이들처럼 자신 있게 표현하기 두려워 고사했습니다. 거침없이 그림을 그리는 아이들을 보면서 참 부러웠습니다. 이렇게 수업의 주인공이 아이들일 수 있도록 이끌어주는 작가의 모습을 보면서 이 수업들을 책으로 만들면 좋겠다고 느꼈습니다.

물론 시중에 미술놀이 책들이 많이 있지만, 초등학생들과 커뮤니케이션을 하며 아이들 스스로 생각할 수 있게 도와주는 책은 보지 못했습니다. 더불어 아이들의 자존감도 높여줄 수 있는 임은지 작가만의 수업 방식을 많은 사람들과 공유하고 싶습니다. 이 책을 통해 미술 실력만 높이는 것이 아니라 많은 아이들과 부모들이 미술로 소통하길 희망합니다.

우리 아이들이 살아갈 세상은 획일화된 모습보다 각자의 개성을 존중하고 존중받길 바랍니다. 그러기 위해서는 각자 무엇을 좋아하는지 무엇을 잘하는지 알아야 합니다. 이 책을 통해 부모와 아이 모두 서로를 이해하는 시간을 가졌으면 합니다.

기획책임자(CPO) 심미정

생각하는 힘을 길러주는
자존감 초등미술

초판 1쇄 발행 2018년 7월 30일

지은이 임은지
발행인 서재필
기획책임자(CPO) 심미정
디자인 마루 · 한

발행처 마인드빌딩
주　소 경기도 고양시 덕양구 도래울로 86, 309-601
출판신고 2018년 1월 11일 제395-2018-000009호
인쇄제본 (주)상지사P&B
용　지 (주)타라유통

이메일 mindbuilders@naver.com
블로그 blog.naver.com/mindbuilders
페이스북 www.facebook.com/mindbuildings

ISBN 979-11-963390-0-5 13590

• 이 도서의 국립중앙도서관 출판예정도서목록(CIP)은 서지정보유통지원시스템 홈페이지(http://seoji.nl.go.kr)와 국가자료공동목록시스템(http://www.nl.go.kr/kolisnet)에서 이용하실 수 있습니다.(cip제어번호:CIP2018017790)

* 책값은 뒤표지에 있습니다.
* 잘못된 책은 구입하신 곳에서 바꿔드립니다